科學少年學習誌

編／科學少年編輯部

科學閱讀素養
地科篇 5

遠流

科學少年

科學閱讀素養 地科篇 5　　目錄

課程連結表

文章主題	文章特色	搭配108課綱（第四學習階段 ── 國中）	
		學習主題	學習內容
我家住在外太空	說明人類移居外太空的可能選項，也探討不同地點可能遭遇的問題，以及科學家的解決辦法。	交互作用(INe)*	INe-III-9地球有磁場，會使指北針指向固定方向。
		自然界的現象與交互作用（K）：電磁現象（Kc）	Kc-IV-3磁場可以用磁力線表示，磁力線方向即為磁場方向，磁力線越密處磁場越大。 Kc-IV-4電流會產生磁場，其方向分布可以由安培右手定則求得。
		變動的地球（I）：地表與地殼的變動（Ia）	Ia-IV-2岩石圈可分為數個板塊。 Ia-IV-3板塊之間會相互分離或聚合，產生地震、火山和造山運動。
跟著朱諾號，木星看透透！	經由科學家觀測木星、了解木星的過程，說明木星的未解之謎以及木星探測器朱諾號的任務。	地球環境（F）：地球與太空（Fb）	Fb-IV-1太陽系由太陽和行星組成，行星均繞太陽公轉。
土星的游泳圈──土星環	介紹土星環的組成、結構、可能成因，以及土星環如何維持特別的形狀。	物質系統（E）：力與運動（Eb）；宇宙與天體（Ed）	Eb-IV-1力能引發物體的移動或轉動。 Ed-IV-1星系是組成宇宙的基本單位。 Ed-IV-2我們所在的星系，稱為銀河系，主要 是由恆星所組成；太陽是銀河系的成員之一。
		地球環境（F）：地球與太空（Fb）	Fb-IV-1太陽系由太陽和行星組成，行星均繞太陽公轉。 Fb-IV-2類地行星的環境差異極大。
剛誕生的地球，好熱！	說明地球形成初期高溫的原因，以及導致地球氣溫下降的重要地質事件。	地球的歷史（H）：地層與化石（Hb）	Hb-IV-1研究岩層岩性與化石可幫助了解地球的歷史。
		全球氣候變遷與調適：能量的形式與轉換（Ba）	INg-IV-1地球上各系統的能量主要來源是太陽，且彼此之間有流動轉換。 INg-IV-5生物活動會改變環境，環境改變之後也會影響生物活動。
潮起潮落因為月	探討引發海水潮汐現象的成因，並介紹潮間帶生物適應潮汐變化的特殊生存方式。	地球環境（F）：地球與太空（Fb）	Fb-IV-3月球繞地球公轉；日、月、地在同一直線上會發生日月食。 Fb-IV-4月相變化具有規律性。
		變動的地球（I）：海水的運動（Ic）	Ic-IV-3臺灣附近的海流隨季節有所不同。 Ic-IV-4潮汐變化具有規律性。
地球的健檢報告：氣候暖化是真的！	說明科學家如何透過不同研究，證實氣候變遷與人類活動的關係，並介紹氣候變遷會對人類的未來有什麼影響。	地球環境（F）：組成地球的物質（Fa）	Fa-IV-1地球具有大氣圈、水圈和岩石圈。 Fa-IV-4大氣可由溫度變化分層。
		變動的地球（I）：天氣與氣候變化（Ib）	Ib-IV-1氣團是性質均勻的大型空氣團塊，性質各有不同。 Ib-IV-2氣壓差會造成空氣的流動而產生風。 Ib-IV-6臺灣秋冬季受東北季風影響，夏季受西南季風影響，造成各地氣溫、風向和降水的季節性差異。
		生物與環境（L）：生物與環境的交互作用（Lb）	Lb-IV-1生態系中的非生物因子會影響生物的分布與生存，環境調查時常需檢測非生物因子的變化。 Lb-IV-2人類活動會改變環境，也可能影響其他生物的生存。
		資源與永續發展（N）：永續發展與資源的利用（Na）；氣候變遷之影響與調適（Nb）	Na-IV-6人類社會的發展必須建立在保護地球自然環境的基礎上。 Na-IV-7為使地球永續發展，可以從減量、回收、再利用、綠能等做起。 Nb-IV-2氣候變遷產生的衝擊有海平面上升、全球暖化、異常降水等現象。 Nb-IV-3因應氣候變遷的方法有減緩與調適。
聖嬰現象把颱風趕走了？	解釋聖嬰現象與反聖嬰現象的成因，以及這個現象對地球氣候造成的影響。	地球環境（F）：組成地球的物質（Fa）	Fa-IV-1地球具有大氣圈、水圈和岩石圈。 Fa-IV-4大氣可由溫度變化分層。
		變動的地球（I）：天氣與氣候變化（Ib）；海水的運動（Ic）	Ib-IV-3由於地球自轉的關係會造成高、低氣壓空氣的旋轉。 Ib-IV-5臺灣的災變天氣包括颱風、梅雨、寒潮、乾旱等現象。 Ic-IV-2海流對陸地的氣候會產生影響。 Ic-IV-3臺灣附近的海流隨季節有所不同。

*為國小課綱

導讀

科學 ✕ 閱讀 二

閱讀是人類學習的重要途徑，自古至今，人類一直透過閱讀來擴展經驗、解決問題。到了 21 世紀這個知識經濟時代，掌握最新資訊的人就具有競爭的優勢，閱讀更成了獲取資訊最方便而有效的途徑。從報紙、雜誌、各式各樣的書籍，人只要睜開眼，閱讀這件事就充斥在日常生活裡，再加上網路科技的發達便利了資訊的產生與流通，使得閱讀更是隨時隨地都在發生著。我們該如何利用閱讀，來提升學習效率與有效學習，以達成獲取知識的目的呢？如今，增進國民閱讀素養已成為當今各國教育的重要課題，世界各國都把「提升國民閱讀能力」設定為國家發展重大目標。

另一方面，科學教育的目的在培養學生解決問題的能力，並強調探索與合作學習。近年，科學教育更走出學校，普及於一般社會大眾的終身學習標的，期望能提升國民普遍的科學素養。雖然有關科學素養的定義和內容至今仍有些許爭議，尤其是在多元文化的思維興起之後更加明顯，然而，全民科學素養的培育從 80 年代以來，已成為我國科學教育改革的主要目標，也是世界各國科學教育的發展趨勢。閱讀本身就是科學學習的夥伴，透過「科學閱讀」培養科學素養與閱讀素養，儼然已是科學教育的王道。

對自然科老師與學生而言，「科學閱讀」的最佳實踐無非選擇有趣的課外科學書籍，或是選擇有助於目前學習階段的學習文本，結合現階段的學習內容，在教師的輔導下以科學思維進行閱讀，可以讓學習科學變得有趣又不費力。

素養＋樂趣！

撰文／陳宗慶

　　我閱讀了《科學少年》後，發現它是一本相當吸引人的科普雜誌，更是一本很適合培養科學素養的閱讀素材，每一期的內容都包括了許多生活化的議題，涵蓋了物理、化學、天文、地質、醫學常識、海洋、生物……等各領域有趣的內容，不但圖文並茂，更常以漫畫方式呈現科學議題或科學史，讓讀者發覺科學其實沒有想像中的難，加上內文長短非常適合閱讀，每一篇的內容都能帶著讀者探究科學問題。如今又見《科學少年》精選篇章集結成有趣的《科學閱讀素養》，其內容的選編與呈現方式，頗適合做為教師在推動科學閱讀時的素材，學生也可以自行選閱喜歡的篇章，後面附上的學習單，除了可以檢視閱讀成果外，也把內文與現行國中教材做了連結，除了與現階段的學習內容輕鬆的結合外，也提供了延伸思考的腦力激盪問題，更有助於科學素養及閱讀素養的提升。

　　老師更可以利用這本書，透過課堂引導，以循序漸進的方式帶領學生進入知識殿堂，讓學生了解生活中處處是科學，科學也並非想像中的深不可測，更領略閱讀中的樂趣，進而終身樂於閱讀，這才是閱讀與教育的真諦。　科

陳宗慶　國立高雄師範大學物理博士，高雄市五福國中校長，教育部中央輔導團自然與生活科技領域常務委員，高雄市國教輔導團自然與生活科技領域召集人。專長理化、地球科學教學及獨立研究、科學展覽指導，熱衷於科學教育的推廣。

我家住在外太空

無邊無際的外太空裡，有跟地球一樣可以居住的星球嗎？
人類什麼時候可以搬過去呢？

作者／龐中培

遙遠的星空，看起來好像沒有邊界，但是那裡有許多星星在發著光，如同我們的太陽一般，在周圍也有很多行星圍繞著。其中有外星人住在上面嗎？不知道。如果他們沒有來拜訪地球，不如我們去拜訪他們吧！說不定還可以找到另一個和地球很類似的星球，讓人類在上面居住。

這雖然很像科幻電影才能實現的夢想，但是科學家的確有完成這些夢想的方法，只不過還有一些困難需要克服。

現在有太空站在軌道上飛行，但是在太空站中，幾乎感受不到重力，長久居住是對身體有害的，人類只能在上面停留幾個月。如果要一直住在太空中，該怎麼辦呢？

人類探索過太陽系中其他的星球，都沒有發現生命的跡象，火星上也沒有。不過現在科學家計劃要登陸火星，我們在火星建立的基地可能有如地下蟻巢，可以有時間仔細調查是否有火星人。不過火星的重力比地球小很多，這是令人頭痛的問題。

最重要的是，要找外星人，必須先找到外星球才行！好消息是我們已經找到許多外星球了，如果發現了更多稱為「系外行星」的星球，說不定其中就有適合生命生存的地點！

這個行星叫做克卜勒 62f，距離地球 1200 光年（一光年是光走一年的距離，1200 光年相當於 9 兆 4600 億公里），克卜勒 62f 比地球大 40％，公轉週期為 267 天，這樣大小的行星和地球很相似。更重要的是，克卜勒 62f 位於適居帶內，它和恆星之間的距離剛剛好，不會太冷也不會太熱。

在克卜勒 62f 所在的恆星系中，還有另一個行星克卜勒 62e，它位於適居帶的內緣，比較靠近恆星，比地球大 60％。左頁那顆亮星就是克卜勒 62e，被克卜勒 62f 遮住一半的恆星是克卜勒 62。一個恆星系中存在兩個可能有生物的星球，正適合我們去拜訪！

圖片來源：NASA

選擇 1 尋找合適的行星

當系外行星通過它的母恆星與地球中間時，會擋住一些母恆星的光，因此長時間觀測某個恆星的亮度變化，可以得知它周圍是否有行星圍繞，也能計算出該行星公轉的週期。這個方法應用了行星通過恆星（日）所造成的亮度變化，稱為「凌日法」。

　　想移民到外太空，找一個跟地球很像的行星是個好選擇。雖然太陽系中還有其他行星，不過水星和金星太熱、火星的重力太小而且很冷；木星和土星主要由氫組成，叫做「類木行星」，這類行星很大、重力很強，表面是由液態氫組成的無邊大海，不適合人類定居。這些行星到現在都沒有出現生命跡象，因此我們只好把目標放在太陽系之外的「類地行星」，也就是像地球一般，主要由岩石構成的行星。

　　現今找尋系外行星的技術非常精密，相當於

從美國東岸測量美國西岸一顆足球的動靜。系外行星距離地球非常遠，用望遠鏡不容易直接「看」到，但是可以使用其中一種方法「凌日法」，間接知道它們的存在。當月球位於地球和太陽之間時，太陽的光被擋住，因此發生了日食。如果系外行星擋在恆星和地球之間，恆星的光也會被遮住一部分。

　　美國航太總署在 2009 年發射了「克卜勒太空望遠鏡」，它能同時「盯」著 10 萬顆恆星，只要其中有恆星的亮度會定期減少，而且

克卜勒太空望遠鏡

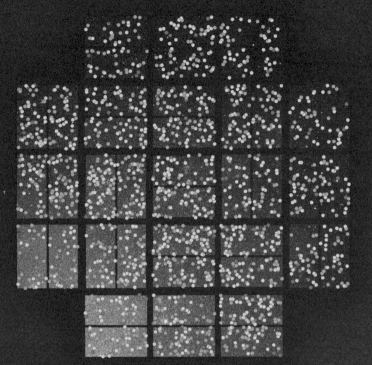

- 與地球大小相近的行星
- 超級地球：地球的 1.25 至 2 倍大
- 海王星大小的行星，地球的 2 至 6 倍大
- 巨行星等級，地球的 6 至 22 倍大

克卜勒望遠鏡在執行任務期間，持續記錄視野中 10 萬顆恆星的亮度變化，並且能夠區別萬分之一的差異。它有 42 個電荷耦合元件（CCD，一般數位相機和手機上的感光元件），每三秒鐘會讀取一次恆星亮度資料。望遠鏡上的電腦會自動篩選這些資料，把有意義的儲存下來，傳回地球。上圖是克卜勒太空望遠鏡視野中發現的系外行星候選者，每一個長方形代表一片 CCD。

減少期間的時間長度都一樣，就可能是行星造成的「星食」。然後科學家會用其他地面望遠鏡重複觀察，再次確認。人類透過這種方式，到 2018 年 10 月克卜勒太空望遠鏡退役為止，已經找到了 2300 多顆系外行星；加上全世界其他太空望遠鏡的觀測結果，目前發現的系外行星超過 18000 顆。

不過我們要前往的是有水的行星，這種行星跟恆星之間的距離要在一定範圍內，因為行星表面的溫度要適中，才有液態水存在。恆星的大小與溫度會決定適居帶的範圍，以太陽系為例，適居帶介於 0.99 到 1.7 個天文單位之間（一天文單位相當於地球到太陽的平均距離，為 1 億 4959 萬 7870.7 公里），地球剛好位於太陽系適居帶的內緣。在那麼多已經發現的系外行星中，屬於類地行星且又位於適居帶的，只有寥寥數個。

這些行星都很遠，可能要花數百或數千年才能抵達，因此在出發之前，我們必須先有在太空中定居的能力。

環狀重力太空站

如果找不到合適的系外行星，能不能像動畫《瓦力》一樣，在太空中蓋一座太空站居住呢？人類可以往來月球，也能在太空站住好幾個月，卻沒辦法在太空中定居，其中一個重要原因是太空中重力非常微弱，對身體很不好。最顯著的影響是骨質疏鬆，太空人每個月骨質會流失 1% 至 2%，久了很容易骨折。如果要一直居住在太空中，得設法「製造重力」，讓居民感覺跟在地球上一樣。方法之一是打造持續旋轉的太空站，把旋轉產生的離心力當成重力。

！ 尚未解決的困難

太空中充滿會傷害人體的宇宙射線，太空站還可能被飛快的隕石撞擊，這些都是要解決的問題。太空站很大，需要很多材料製造，如果全部從地球搬來的話相當累人！因此有科學家建議直接開採小行星上的礦物，不過目前還沒有可行的具體做法。

研究區：
位於軸心，適合進行天文觀測或無重力相關的研究。

接駁區：
軸心是固定不動的，便於接駁，居民和貨物都經由接駁區進出。

離心力：
坐雲霄飛車 360 度迴轉時，就算頭下腳上也不會掉下來，這是因為旋轉的物體會遠離它的旋轉中心，儘管身體上下顛倒，還是可以坐在椅子上，這種效應正是離心力所產生的。

太陽能板：
從軸區延展開來，永遠朝著能吸收最多太陽光的方向。

動力區：
維持動力來源的機械裝置都放在這裡。
如果來自太陽能的電力不足，可能還要
自備核能發電，不過為了安全起見，會
放在距離太空站很遠的地方。

農業區：
從遙遠的地方送食物過來，會花費太多時間和
燃料，所以太空站居民必須自己種食物。由於
空間有限，通常不會特別栽培動物飼料，因此
肉類對於太空中生活來說，相當罕見。

儲藏室：
愈靠近軸的地方離心力
愈小，這讓搬運和儲存
物品比較方便。

回收區：
人類在太空站活動所產生的各
種物質，包括呼吸排出的二氧
化碳，都要回收再利用。

居住區：
位在離心力最強的最外層，由於
太空站持續旋轉，不同區域會輪
流照到太陽，利於調節溫度。

往火星

觀測站

太陽能板及電池

雖然前面提過火星的重力太小又很冷，不過如果我們要在外星球建立基地，甚至移民，最好可以有地方先練習。火星就是適合地點，因為已有很多探測船被送上火星，人類對火星已有不少了解，而且火星上可能有水。

在地面上會裝設太陽能板以取得能量，另外也會設置觀測站與接駁區等相關設施。

居住區：
人類生活的各種活動都在這個區域進行。

採礦區

儲存區：
水、電、食物和其他重要資源的儲存場所。

農業區：植物種在地底溫室。

12

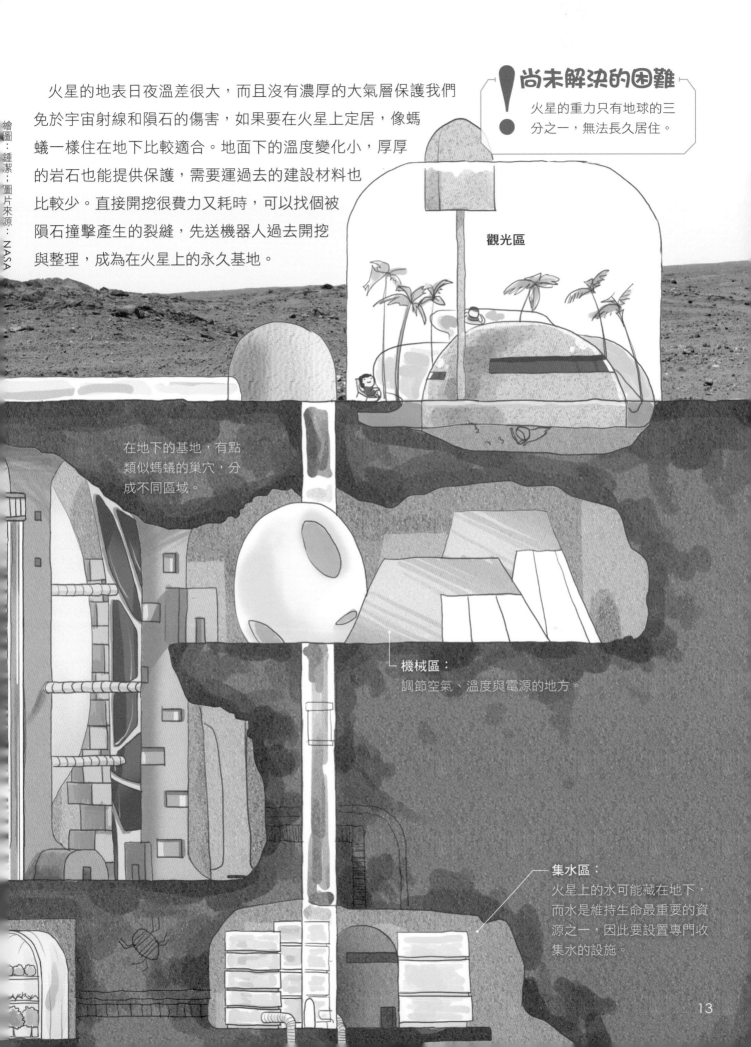

火星的地表日夜溫差很大，而且沒有濃厚的大氣層保護我們免於宇宙射線和隕石的傷害，如果要在火星上定居，像螞蟻一樣住在地下比較適合。地面下的溫度變化小，厚厚的岩石也能提供保護，需要運過去的建設材料也比較少。直接開挖很費力又耗時，可以找個被隕石撞擊產生的裂縫，先送機器人過去開挖與整理，成為在火星上的永久基地。

繪圖：鍾潔　圖片來源：NASA

！尚未解決的困難

火星的重力只有地球的三分之一，無法長久居住。

觀光區

在地下的基地，有點類似螞蟻的巢穴，分成不同區域。

機械區：
調節空氣、溫度與電源的地方。

集水區：
火星上的水可能藏在地下，而水是維持生命最重要的資源之一，因此要設置專門收集水的設施。

出發囉 長程太空船

如果我們真的在很遠的地方，找到一個適合人類居住的星球，要怎麼移民過去呢？假設那個星球在幾十光年外，我們以十分之一的光速前進，也要花費數百年才能抵達，所以得打造可以航行很久的太空船。不過移民通常會有數千人，而每個人的生活空間至少要 100 立方公尺（約等於邊長 4.65 公尺的正方體），再加上放置機械、儲存燃料、生產食物的空間，這艘太空船還得非常大。另外，太空船要能飛得夠快，還能運作百年、千年以上。其中的「居民」養兒育女、生老病死，都會在船中度過。

未來的太空船可能長什麼模樣呢？使用什麼動力前進呢？

離子火箭

利用核融合反應的高溫將離子噴出，產生推力，不過需要攜帶很多燃料，可是需要的燃料愈多，就需要更多燃料推進。或許太空船可以沿路從含有許多氫的行星補充燃料。

繪圖　女子合唱

太陽光帆

用金屬打造成很薄的帆，受到光線照射而產生推力，不過缺點是這個推進力很小，所以相對於太空船而言，帆要非常大，而且距離恆星愈遠，推力愈小。

尚未解決的困難

在太空站生活會遇到的宇宙射線和隕石問題，在長途太空飛行期間也會遇到，而且太空船的飛行速度愈快，受到隕石撞擊的力道愈大。如果太空船以十分之一的光速前進，一旦迎面撞到小隕石，相當於被秒速三萬公里的隕石撞擊。

此外，一群人長期住在一起，如果爆發傳染病，很可能幾乎所有人都染病。要避免這種狀況，人數得愈多愈好，這樣有些人受到感染後的症狀會比較輕微，或是不會被感染，才能照顧其他人並且維持太空船運作。

小行星太空船

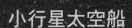

有人建議可以把小行星挖空，裝上引擎，變成太空船。這樣的太空船可能比較重，但是能夠抵抗宇宙射線和小型隕石，小行星本身也可以當做原料使用，一舉兩得。

航程中 新奇的所見所聞

　　從地球出發前往系外行星的過程中，會看到什麼精采又令人難忘的景象呢？假設我們要前往的是距離地球最近的恆星南門二，它在 4.3 光年外。南門二是由三個恆星組成的系統，其中兩個恆星大小類似太陽，如果在適合的範圍內有類似地球的行星，說不定適合人類居住。

　　現在就飛出太陽系看看沿路的風光，希望最後能抵達南門二的行星。

第一站：小行星帶

　　從地球向外太空出發，會在火星軌道與木星軌道之間遇到小行星帶，這個區域估計有 50 萬個小行星。雖然數量很多，但是行星間隙很大，太空船通過時並不容易撞到它們。已經有好幾架太空船平安的穿過小行星帶；和小行星碰撞的機率低於十億分之一。移民太空船通過小行星帶時，可以收集一些富含金屬礦物的小行星，當成修補太空船的材料。

第二站：冥王星

　　越過木星、土星與海王星軌道之後，在眼前的是庫伯帶，這裡也有許多小的行星，包括曾經名列「九大」行星的冥王星。不過冥王星比月球還小，而且庫伯帶中有其他的天體比冥王星還大，所以它就被降格了。庫伯帶距離太陽很遠，非常寒冷，那裡的一氧化碳、二氧化碳、甲烷和氨會凝結成固體，成為小行星的組成物，也可以當成太空船的燃料來源。

繪圖：姚裕評　圖片來源：NASA（小行星）、Marc W. Buie, Southwest Research Institute（冥王星）、ESO/L. Calcada/Nick Risinger（南門二）

終點站：南門二

距離地球最近的系外行星是環繞著南門二（Alpha Centauri Bb）運轉的一顆系外行星，距離地球「只有」4.37 光年，可惜它距離母恆星0.04 天文單位，公轉週期（繞恆星一圈）僅 3.236 日，地面溫度預估最低大約是 1200℃，在這樣高溫的環境大概很難出現生命。太陽系行星中，表面溫度最高的行星金星，溫度為 462℃。

弓形震波

太陽

日鞘

太陽

第四站：歐特雲

在距離太陽一光年（6 萬 3240 天文單位）左右，可能有由許多冰冷天體組成的歐特雲，它們像球殼般包圍著太陽系，詳細的情況我們還不了解，因為目前還沒有探測器去過那裡。

第三站：日鞘

在航行了冥王星軌道三倍遠的距離後，抵達「日鞘」。太陽噴發出的粒子形成的「太陽風」，會在這裡和「星際物質」交會。1977 年發射的「航海家一號」於 2013 年抵達一個太陽風減弱、宇宙射線增強的地方（距離太陽 125 個天文單位），這是「日鞘」的特徵之一。航海家一號是首個離開太陽系，也是目前飛得最遠的人造探測器。

抵達目的地，
挑戰才要開始！

目前科學家還沒有發現適合人類移居的候選行星，也沒有設計出夠快的太空船，因此沒有人知道移民之旅會在多少年之後才成行。但是我們最好先想清楚抵達後可能會發生的情況，並做好準備，以免到時候手忙腳亂。

當我們抵達理想中溫度恰當又有液態水的行星之後，得先探測一番，看看那個行星上是否有適合的大氣，也要清除會毒害人類的物質。在地球上，人類受大氣保護，已經適應了在一大氣壓下生活，呼吸由五分之一的氧氣和五分之四氮氣組成的空氣。如果那個行星的情形與地球不同（機會很大），那麼我們在火星設立基地的經驗就能派上用場：先打造基地，再慢慢改造那個行星。地球上有些在極高溫、極酸或極鹼、無氧環境中也能存活的微生物，我們可以把這些微生物撒在新的星球上，如同數十億年前微生物改變地球一般。人類也可能會慢慢演化，進而適應新的星球。

如果遇到了有生物居住的星球，情況就不一樣了。我們必須先調查那個星球的生態環境，然後設計出能和外星生態系和平共處的方式。人類在地球上的活動已經造成全球暖化、海平面升高、許多生物滅絕。希望未來在新的星球上，不會重蹈覆轍。

如果我們真的遇到了有智慧的外星生命，情況更是截然不同。因為對於那個星球上的生命來說，「地球人」可能也是「有智慧的外星生命」。而那些「外星人」的模樣可能和人類完全不同，溝通方式甚至可能不像人類，就算他們有語言，聲調可能和人類能聽得到的範圍不同，比方說像蝙蝠或海豚那般。現實有的時候往往比小說、電影更超乎想像，遇見外星人就是這樣。

繪圖：鍾溙（右頁）、姚裕評

也說不定，現在就有外星人正在觀察地球，或是住在太空中，甚至朝著地球前進。不過可以確定的是，對外星人來說，和「地球人」相遇，一樣是他們歷史上的重大事件。

或許不久的未來，住在外星球上的人類移民，在迎接晨曦時，看著點點繁星即將黯淡的夜空，心裡會這麼思念著：「人類的老家，藍色的地球，在遙遠的外太空。」科

作者簡介

龐中培　曾任《科學少年》雜誌編輯總監、《科學人》雜誌副主編。

我家住在外太空

國中地科教師　侯依伶

主題導覽

人類如果要移民外太空，有哪些選項？是要居住在太陽系的行星、衛星，還是漂浮在外太空的太空站，或是太陽系之外的行星？在各種嚴苛的環境條件下，科學家需要如何克服，讓移居的地球人擁有與地球相當的生存環境？這個目標雖然看似遙遠，未來卻有實現的機會。

〈我家住在外太空〉說明了人類移居外太空的選項，也探討可能遭遇的問題，以及科學家想出的解決辦法。閱讀完文章後，你可以利用「挑戰閱讀王」了解自己對這篇文章的理解程度；「延伸知識」中補充找尋系外行星的其他方法，以及日鞘和歐特雲的介紹，可以幫助你更深入的探索！

關鍵字短文

〈我家住在外太空〉文章中提到許多重要的字詞，試著列出幾個你認為最重要的關鍵字，並以一小段文字，將這些關鍵字全部串連起來。例如：

關鍵字：1. 火星　2. 太空站　3. 系外行星　4. 移民　5. 宇宙射線

短文：當太空科技愈來愈發達，人類開始找尋未來的桃花源，包括比較近的火星、漂浮在太空中的太空站，還有需要旅行好幾個世代才能到達的系外行星，都是人類未來可能的移民居所。但是這些地方畢竟不是地球，環境的空氣組成、水源、宇宙射線傷害、重力，以及如何到達等問題都需要科學家一一克服。在此之前，我們還是好好愛惜地球吧！

關鍵字：1.＿＿＿＿＿　2.＿＿＿＿＿　3.＿＿＿＿＿　4.＿＿＿＿＿　5.＿＿＿＿＿

短文：＿＿＿＿＿＿＿＿＿＿＿＿＿＿＿＿＿＿＿＿＿＿＿＿＿＿＿＿＿＿＿

＿＿＿＿＿＿＿＿＿＿＿＿＿＿＿＿＿＿＿＿＿＿＿＿＿＿＿＿＿＿＿＿＿＿

＿＿＿＿＿＿＿＿＿＿＿＿＿＿＿＿＿＿＿＿＿＿＿＿＿＿＿＿＿＿＿＿＿＿

＿＿＿＿＿＿＿＿＿＿＿＿＿＿＿＿＿＿＿＿＿＿＿＿＿＿＿＿＿＿＿＿＿＿

挑戰閱讀王

看完〈我家住在外太空〉後，請你一起來挑戰以下題組。

答對就能得到👍，奪得 10 個以上，閱讀王就是你！加油！

☆系外行星可能是人類終極的移民地，試著回答下列有關系外行星的問題。

（　）1.科學家用凌日法來尋找系外行星，主要的依據是下列何者？

（答對可得到 1 個👍哦！）

①行星的亮度有週期性的變化　②恆星的亮度有週期性的變化

③行星的形狀有週期性的變化　④恆星的形狀有週期性的變化

（　）2.根據文章的說明，我們知道「系外行星」的「系」指的是下列何者？

（答對可得到 1 個👍哦！）

①太陽系　②銀河系　③本星系群　④仙女座星系

（　）3.科學家認為能夠讓人類移民的系外行星，必須位於母恆星的「適居帶」，

也就是行星所在的位置能照射到合理的輻射，使液態水有機會保存下來。

根據這樣的定義，你認為下列哪顆行星一定位於太陽系的適居帶？

（答對可得到 1 個👍哦！）

①金星　②水星　③木星　④地球

（　）4.已知太陽系的適居帶大約介於 0.99 到 1.7 個天文單位之間。如果系外行星

所在的行星系統，母恆星比太陽大一些，表面溫度也比太陽高一些，那麼

這個行星系統的適居帶比較合理的範圍是下列何者？

（答對可得到 1 個👍哦！）

①0.3 ～ 0.9 個天文單位　②0.9 ～ 1.7 個天文單位

③3 ～ 4 個天文單位　④1 ～ 2 光年

☆由於系外行星太遙遠了，抵達相當困難，因此太空站也是人類移民的其中一種選

　項。試著回答下列相關問題。

（　）5.夢想中的太空站會以「環狀」方式興建，原因有哪些呢？

（多選題，答對可得到 2 個👍哦！）

①方便加裝太陽能板　②利用本身的旋轉產生重力

③可以讓太陽均勻照到不同的方向　④建造容易、節省材料

（　）6.外太空缺乏重力，因此太空站靠著持續旋轉來製造重力，讓生物可以生存。

這種方法製造出來的重力大小與下列哪些因素有關？

（多選題，答對可得到 2 個👍哦！）

①太空站整體的轉速　②不同位置與太空站中心的距離

③物體本身的質量　④太空站與地球的距離

☆直接在太陽系中找一個適合人類生存的星球，也是科學家的移居選項，其中「火星」是目前首選。回答下列關於火星的問題。

（　）7.火星成為科學家首選、適合嘗試太空移民的原因有哪些？

（多選題，答對可得到 2 個👍哦！）

①火星距離地球較近　②火星有足夠的大氣讓生物生存

③火星有岩石構成的地表　④火星位在太陽系的適居帶

（　）8.科學家認為人類到火星定居，可能必須往地下發展，這是因為居住在地下有哪些優點？（多選題，答對可得到 2 個👍哦！）

①較容易取得地下水源　②晝夜溫差較小

③能夠減少宇宙射線的干擾　④可以節省建材

延伸知識

1.**找尋系外行星的方法**：除了「凌日法」，還有「徑向速度法」和「微重力透鏡法」。科學家找到的第一個系外行星飛馬座 51b，就是用徑向速度法找到的。行星繞著恆星運行時，恆星的位置會受到行星位置的影響；當恆星有平行地球的相對移動時，恆星的光譜會出現紅移或藍移的現象。「微重力透鏡法」則可以用來尋找遙遠的系外行星，根據廣義相對論，當某顆恆星行經另一顆遠方恆星與地球之間時，其微弱的重力場會類似放大鏡，讓遠方恆星的光集中並變亮；若近處恆星恰好有行星繞行，則有更明顯的放大效果，天文學家便可因此發現系外行星。

2. **太陽風與日鞘**：太陽風自太陽表面流出後，速度會逐漸下降，流經地球附近的速度大約為每秒數百公里。當太陽風的速度受到星際介質干擾而降至音速（每秒約340公尺）以下時，稱為「終端震波」；而太陽風的流動受到星際介質而停滯的邊界稱為「日磁層頂」。終端震波和日磁層頂中間的區域，就是「日鞘」的範圍。日鞘與太陽的距離介在 80 到 100 個天文單位之間，受到星際介質流動的影響，外形比較像彗尾的模樣。

3. **歐特雲**：理論上，歐特雲是由眾多冰微行星構成的球體雲團，距離太陽約一到二光年。科學家認為歐特雲是長週期彗星的故鄉，會不斷生成新的彗星，也是彗星補充冰雪的地方。

延伸思考

1. 從地球到火星的最短航程約為七個月，請你想想看，如果太空人要搭乘太空船七個月，可能要克服哪些生活難題？

2. 自 1964 年美國發射水手四號觀測火星大氣開始，世界各國紛紛開始對火星進行各種研究工作。目前在火星上探測的除了有 NASA 的好奇號、洞察號、毅力號，還有中國的天問一號。請上網搜尋這些火星探測器主要負責的任務，比較它們的工作有何異同？

3. 《冰凍星球》、《太空漫遊》、《絕地救援》、《星際效應》都是知名太空電影，找時間欣賞其中一部，看完後和親友分享你對劇情中在外太空生活的看法。

跟著朱諾號木星看透透！

2011 年出發的朱諾號，
航行五年到達木星，
至今仍持續探索著這顆星球。

撰文／胡佳伶

木星是夜空中僅次於金星的明亮天體，雖然看起來只是個小點，但其實木星是太陽系裡最大的行星。2011 年發射的木星探測太空船「朱諾號」，於 2016 年抵達木星，一直到 2021 年 6 月，都還繞著木星飛行喔！

木星的英文名字「Jupiter」是羅馬神話中的眾神之王朱比特，他和妻子朱諾（Juno）住在奧林帕斯山上，朱比特用魔法變出了一團薄霧，藏身其中。唯有王后朱諾能看透這層薄霧，瞧見朱比特的惡作劇。「朱諾號」的命名，正是期望這艘太空船能像王后朱諾一樣，看透木星的本性！

回顧木星觀測史

科學家對木星的認識，要從 400 多年前義大利天文學家伽利略（Galileo Galilei）首度將望遠鏡轉向天空開始。他在 1610 年發現木星周圍有四個小點，那是木星最大的四顆衛星——木衛一埃歐、木衛二歐羅巴、木衛三加尼米德和木衛四卡利斯多，因此這四顆衛星又被稱為「伽利略衛星」。伽利略經過長期的觀測，發現這四個小點會繞木星公轉，這和「地心說」認為所有天體都繞著地球轉的說法大不相同，成為支持哥白尼「日心說」的關鍵證據之一。

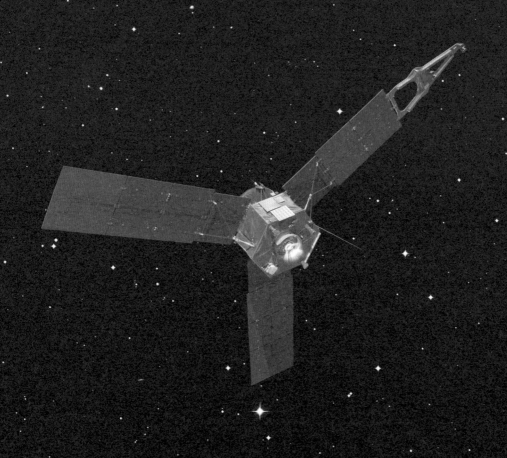

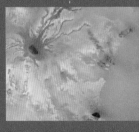

▲伽利略的木星觀測紀錄。

1660 年代，法國的天文學家卡西尼（Jean-Dominique Cassini）用望遠鏡發現了木星的大紅斑和平行於赤道的明暗條紋。位在木星南半球的大紅斑是個超級風暴，就像地球上的颱風會逐漸消散一樣，觀測顯示大紅斑正在逐漸縮小。1831 年首次有正式紀錄時，大紅斑寬達地球直徑的三倍，現在已經縮減到僅約 1.2 倍地球直徑，形狀也逐漸從橢圓形變成圓形。

在這之後，人類對木星有了愈來愈多的認識。我們現在知道：

❶ 木星是太陽系八顆行星中，由內向外算來的第五顆。

❷ 木星主要由氫、氦等氣體所組成，是一

木星探測史

先鋒 10 號飛越木星，拍攝許多木星照片。

◀先鋒 10 號拍攝的木星照片上可見到大紅斑。

先鋒 11 號飛越木星，拍攝許多木星照片。

探測太陽的尤里西斯號飛掠木星，研究木星磁層。

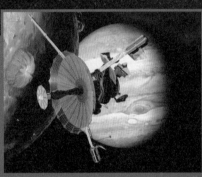

▲伽利略號的藝術概念圖。
伽利略號進入木星軌道，並將一個探測器放到木星大氣中。這是第一個詳細研究木星的探測船。它以八年的時間環繞木星軌道飛行 35 圈。

| 1973 | 1974 | 1979 | 1992 | 1994 | 1995 |

航海家一、二號發現，木星上的大紅斑是以逆時針方向轉動的複雜風暴系統，還發現木星竟然有環，而且木衛一埃歐上有火山活動。

◀航海家一號在埃歐上發現活火山的熔岩流。

修梅克－李維九號彗星受到木星拉扯而碎裂，並接連撞上木星。

▶彗星碎片撞擊木星產生的一連串爆炸事件。

顆氣體巨行星。

❸ 木星的質量雖然只有太陽的千分之一，卻是太陽系裡其他行星總和的 2.5 倍，足足有 318 個地球那麼重。

❹ 木星的直徑約為地球的 11 倍，體積約為地球的 1321 倍，是太陽系裡最大的。

❺ 目前已知的木星衛星多達約 80 顆，居所有行星之冠，整個木星系統宛如太陽系的縮影。更有趣的是，木星衛星的名字多來自天神朱比特的情人、愛慕者或是女兒！

這樣看起來，我們好像已經很了解木星了？其實一點也不！由於木星的氣象報告永遠多雲，我們始終無法知道在濃厚的雲層底下，究竟隱藏了哪些祕密？即使是曾經俯衝潛入木星雲層的伽利略號探測船，所探測的深度也僅大於木星半徑的 0.2%（大約 140 公里）。想要知道木星內部長什麼樣子，可沒辦法像把蘋果切成兩半，就能看到裡面那樣容易。

圖片來源：Wikimedia Commons、NASA

木星逗知識 星期四是木曜日！

木星的天文符號 ♃ 來自於眾神之王朱比特的閃電，而羅馬神話中的朱比特，相當於日耳曼神話中的雷神索爾（Thor）。你還記得「星期四」的英文是什麼嗎？沒錯，就是「Thursday」！它其實源自於「雷神日」（Thor's day）！這也是為什麼日文中的星期四被稱為木曜日的緣故呢！

一顆約數個足球場大小的彗星撞上木星，留下和太平洋差不多大的撞擊痕跡。

◀彗星撞上木星留下黑色痕跡。

▲逐漸縮小的大紅斑。
從哈伯望遠鏡拍攝的照片，可看出木星的大紅斑正在逐漸縮小。

1995
2009
2014

2000 — **2007** — **2009** — **2011** — **2015** — **2018** ▶

探測土星的卡西尼號飛掠木星，拍下兩萬多張木星照片。

▶卡西尼號拍攝的木星南極區影像。

探測冥王星的新視野號飛掠木星，並靠著木星的重力推了一把。
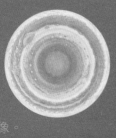
▶新視野號拍攝的木星磁層影像。

朱諾號發射升空。

正式確認木星衛星總數為 79 個。

木星的重重謎團

為什麼我們要研究木星？因為——木星很大！它對太陽系演化扮演了舉足輕重的角色。木星龐大的質量讓它可以保有原始組成，讓我們有機會一窺太陽系的歷史。

● 木星形成之謎

現行的太陽系形成理論認為，原始太陽是由最初一團巨大氣體雲逐漸向內收縮形成。木星的組成與太陽有些類似，絕大部分是氫與氦，因此它必定是在早期形成，那時候的新生太陽還沒將周遭的氣體完全吸積或是吹走，所以木星才能取得與太陽類似的物質。然而科學家仍不清楚木星的形成機制，究竟是先有巨大的核心，才藉重力捕捉其他氣體，還是從一整團的雲氣中，因為重力不穩定而塌縮形成行星？

● 重元素從何而來？

科學家從先前伽利略號探測器收集到的資料，發現木星和太陽又有些不一樣，除了氫和氦之外，木星還有很多重元素，比方說氮和碳。

木星逗知識
安太歲也跟木星有關！？

過年的時候你有「安太歲」嗎？這竟然也跟木星有關！木星繞行太陽一圈要將近 12 年，古人將木星繞行一圈的軌跡分成 12 等分，稱為 12 次，木星每年行經一次，可以用木星所在的星次來記年；因此中國古代將木星稱為「歲星」。木星在天空中繞行 12 年後，又會回到大略同樣的位置，這也是我們往往在 12 歲、24 歲等等這些 12 倍數的生日年，會「犯太歲」，而要「安太歲」的原因。

但如果木星和太陽是從同一團氣體塵埃雲形成，那麼化學組成應該很類似才對，為什麼木星會有那麼多的重元素呢？難道木星是由許多含有氣體的冰質天體組成的嗎？但冰質天體得在目前木星軌道外更遠的地方才有可能存在，這讓科學家更疑惑了。木星是在目前的位置形成，然後藉由某些方式吸引遙遠的冰質天體？或者木星其實是在離太陽很遠的地方形成，之後才向內遷移到現在的位置呢？

這兩種理論推算出的木星核心的成分和質量不同，因此若能測量木星核心，就能告訴我們何種形成理論才是正確的。

● 特殊的氣體巨行星

過去的幾十年來，我們在太陽系之外發現了好幾千顆系外行星，其中很多都是比木星還要大的氣體巨行星，而且大部分都比木星更接近它的母恆星，為什麼這些行星系統和太陽系如此不同？要回答這個問題，我們得先了解自己太陽系裡的氣體巨行星，才能知道太陽系的形成是否和其他行星系統一樣，或太陽系其實是個特例？或許其他恆星的氣體巨行星和木星的形成方式不同？它們可能是失敗的恆星，沒有足夠的質量點燃氫融合的核反應。

朱諾號發射！看透朱比特！

雖然木星色彩斑斕的雲帶如此吸引眾人目光，但真正迷人的科學藏身其下，等著我們探索。木星仍有許多未解之謎：像是木星的內部到底是什麼樣子？木星有岩質核心嗎？

朱諾號酬載系統

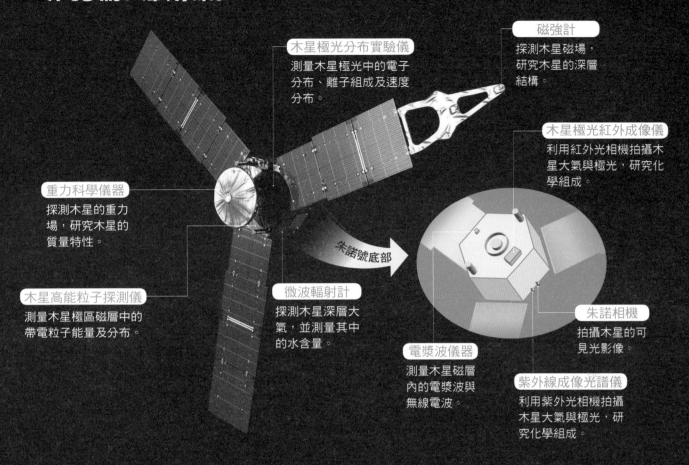

木星極光分布實驗儀
測量木星極光中的電子分布、離子組成及速度分布。

磁強計
探測木星磁場，研究木星的深層結構。

重力科學儀器
探測木星的重力場，研究木星的質量特性。

木星極光紅外成像儀
利用紅外光相機拍攝木星大氣與極光，研究化學組成。

朱諾號底部

木星高能粒子探測儀
測量木星極區磁層中的帶電粒子能量及分布。

微波輻射計
探測木星深層大氣，並測量其中的水含量。

朱諾相機
拍攝木星的可見光影像。

電漿波儀器
測量木星磁層內的電漿波與無線電波。

紫外線成像光譜儀
利用紫外光相機拍攝木星大氣與極光，研究化學組成。

大紅斑可以往下延伸多深？木星的磁場是怎麼來的？木星有多少氧？木星是在什麼時候、怎麼形成的？木星的極光如何形成？木星的兩極是什麼樣子？朱諾號太空船正是為了回答我們的這些疑惑而誕生。

朱諾號在 2011 年 8 月發射升空，太空船直徑達 20 公尺、高 4.5 公尺，和一個籃球場差不多大。它的電力來自三塊長約九公尺的太陽能板，這是美國航太總署所有深空任務中最大的，也是目前人類用太陽能航行距離最遠的太空探測器。太陽能板完全展開後全長約 20 公尺，朱諾號進入太空，將太陽能板展開並調整好方向後，就可提供太空船所需的電力。

朱諾號升空後，從地球到月球（約 40 萬2336 公里）僅需不到一天的時間，然後耗時五年、歷經 28 億公里的旅程才抵達木星。朱諾號飛向木星的途中，曾在 2013 年 10月飛掠地球獲得重力協助，並在 2016 年 7月進入木星軌道，從木星大氣頂層上方約4200 公里處掠過，距離比之前的探測器都還要更近。這艘太空船原本預計花 20 個月的時間，以繞極方式環繞木星 37 圈，後來NASA 將任務延長至 2025 年。

朱諾號的飛行路徑涵蓋木星所有的經度和緯度，由於它的軌道路徑會因木星重力產生

極微小的變化，我們能夠由此得知木星細微的重力變化，並推斷木星內部的本質，完整描繪木星的重力場和磁場，呈現木星內部結構，推估核心質量，測定木星是否具有固態核心。從這些測量或許可以直接解決木星起源，甚至是太陽系起源的問題。

木星表面色彩斑斕的區帶或其他特徵究竟往下延伸多深，是研究木星最重要的基本問題。朱諾號首度測量木星雲頂下方大氣的全球性結構和運動，並測繪大氣層組成、溫度、雲系和運動模式的變化。朱諾號上微波輻射計的感應器可以測量雲層的溫度分布狀況和水分含量，可測量的最深深度壓力達到伽利略號所探測壓力的 50 倍以上。這些資訊能幫助科學家了解木星大氣深處的結構，揭開木星巨大風暴的祕密。

在木星大氣深處的強大壓力下，氫氣會被壓縮成流體的液態金屬氫，就像水銀溫度計中，流動的液態水銀一般。在這種狀態下，氫的行為像是會導電的金屬，木星強大的磁場，極有可能是從內部大量帶電流體的「發電機作用」產生。當帶電粒子進入木星大氣，會受強大磁場影響，產生太陽系中最亮麗的極光。由於朱諾號是以繞極方式環繞木星，可直接測量木星兩極的帶電粒子樣本以及磁場狀態，同時以紫外光波段觀察木星極光。它的磁強計將精確繪製木星磁場，告訴我們大量有關木星內部發電機的資訊，它是由什麼所構成？又是如何運作？這些研究調查將大幅增進我們對木星磁層和極光的認

圖片來源：NASA/JPL-Caltech/LEGO、NASA/JPL-Caltech/KSC、NASA

朱諾號還帶了……

朱諾號上除了各項科學儀器之外，還搭載了三個高 3.8 公分的航太級鋁製樂高積木人偶，分別是天文學家伽利略、天神朱比特和天后朱諾。伽利略一手捧著木星，另一手拿著望遠鏡，他在望遠鏡發明後，利用望遠鏡觀察星空，對木星研究有眾多重要貢獻，其中包括 1610 年發現木星四個最大的衛星（因此後人稱這四顆衛星是伽利略衛星）！朱諾手持放大鏡，彰顯她審視事實的神性；朱比特手持閃電做成的箭，如同天神的權杖──這兩個人偶清楚表現了朱諾號的命名源由。

在朱諾號上還有一塊銘板，上面有伽利略的自畫像，和他 1610 年時親手寫下的木星觀測紀錄，藉此紀念伽利略對於木星研究的貢獻。

朱諾號上的伽利略銘板。

跟著朱諾號一起前往木星的三個樂高積木人偶。

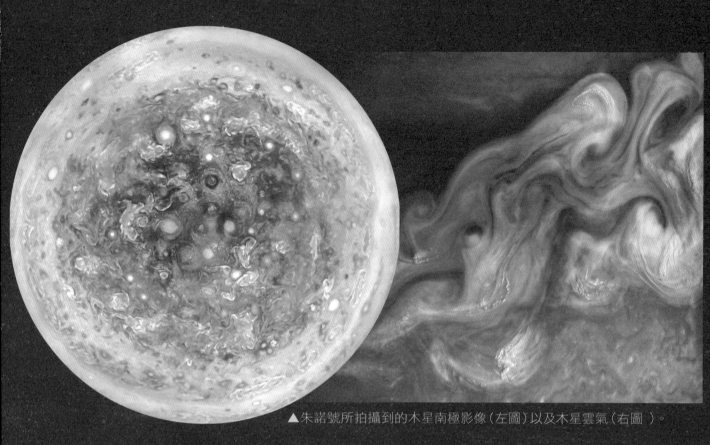

▲朱諾號所拍攝到的木星南極影像（左圖）以及木星雲氣（右圖 ）。

識，以及它的強烈磁場如何影響大氣。這些知識能夠讓科學家應用到其他有強磁場環境的類似天體上，例如年輕的恆星系統。

朱諾號上還搭載了一項特殊的儀器──朱諾相機，這是仿照火星探測車好奇號所用相機的彩色相機，絕大多數朱諾相機的目標，是由大眾決定並協助分析，換句話說一般人也可以參與 NASA 的計畫，這是「公民科學」最棒的地方！

此外，朱諾號任務和過去 NASA 的太空任務有個很不一樣的地方：相當著重和地面天文觀測者的合作，因為朱諾號的長處是測量木星大氣層和內部的小尺度結構，但需要大尺度的影像資料方能知道正確方位，確認自己正在觀測的目標區域。也因為這緣故，朱諾號任務團隊的歐頓（Glenn Orton）

博士組織了全球的業餘天文學家，建立木星接力觀察網。歐頓博士非常歡迎臺灣的天文愛好者參加這個極有科學意義和重要性的觀察網喔！

朱諾號目前仍持續繞行木星，傳回許多令人驚嘆的照片，像是木星南極的美麗氣旋。2021 年 6 月更快速掠過木衛三，距離僅約 1038 公里，並拍下特寫照片，讓我們得以近距離一窺這顆太陽系最大衛星的奧妙。朱諾號預計於 2025 年脫離軌道，進入木星大氣燃燒殆盡，寫下任務的華麗終章。 ㊢

作 者 簡 介

胡佳伶　臺北天文館解說員。喜歡親近大自然，望著滿天繁星感受千百年的星光匯聚，也喜歡學習，和大家分享感動。

跟著朱諾號，木星看透透！

國中地科教師　侯依伶

主題導覽

　　科學家將圍繞著太陽運行的行星，分為像地球一樣擁有岩石外殼的類地行星，以及像木星一樣主要由氫、氦氣體構成的類木行星。木星的質量和體積在類木行星中都是最大的，它也是太陽系中體積最大的行星。夜晚時我們從地球抬頭往天空看，不發光的木星靠著反射太陽光，是天空中第二亮的行星（第一是金星）！

　　〈跟著朱諾號，木星看透透！〉介紹科學家觀測木星、了解木星的過程，也說明了木星的未解之謎以及木星探測器──朱諾號的任務。閱讀完文章後，你可以利用「挑戰閱讀王」了解自己對這篇文章的理解程度；「延伸知識」中補充了太陽與太陽系的簡介，以及木星四大衛星的資訊，可以幫助你更深入學習。

關鍵字短文

　　〈跟著朱諾號，木星看透透！〉文章中提到許多重要的字詞，試著列出幾個你認為最重要的關鍵字，並以一小段文字，將這些關鍵字全部串連起來。例如：

關鍵字：1. 木星　2. 巨行星　3. 朱諾號　4. 雲層　5. 磁場

短文：擁有大紅斑的木星是太陽系中相當迷人的巨行星，但是隱藏在濃密雲層之下的木星，卻是科學界未解的謎題。朱諾號攜帶著各種精密儀器，航行了五年，終於抵達木星軌道，為人類揭曉木星雲層下的面貌，讓我們可以得知木星內部的結構、磁場以及全球性的大氣運動，藉以推知早期太陽系形成的訊息。

關鍵字：1.＿＿＿＿＿＿　2.＿＿＿＿＿＿　3.＿＿＿＿＿＿　4.＿＿＿＿＿＿　5.＿＿＿＿＿＿

短文：＿＿＿＿＿＿＿＿＿＿＿＿＿＿＿＿＿＿＿＿＿＿＿＿＿＿＿＿＿＿＿＿＿＿＿＿

＿＿

＿＿

挑戰閱讀王

看完〈跟著朱諾號，木星看透透！〉後，請你一起來挑戰以下題組。

答對就能得到👍，奪得 10 個以上，閱讀王就是你！加油！

☆根據文章中提及目前科學家對木星的了解，試著回答下列問題。

（　　）1.有關木星在太陽系中的地位，下列哪一項敘述正確？

（答對可得到 1 個👍哦！）

①木星是太陽系中最接近地球的行星

②木星是太陽系中質量僅次於太陽的星球

③木星是太陽系中唯一會進行核融合反應、自行發光的行星

④木星是太陽系中唯一擁有許多衛星的行星

（　　）2.木星主要的組成成分有哪些？（多選題，答對可得到 2 個👍哦！）

①氫氣　②氧氣　③氮氣　④氦氣

（　　）3.關於木星表面的特徵敘述，下列何者正確？（答對可得到 1 個👍哦！）

①木星表面的大紅斑是火山爆發的產物

②木星表面的大紅斑是由大量水滴聚集而成的風暴

③木星表面的條紋狀結構是大氣流動造成的

④木星表面的條紋狀結構與木星的磁場有關

☆龐大的木星有重重待解的謎團，朱諾號的探測任務是藉由了解木星，揭曉太陽系
的演化歷史。請根據科學家的論點，回答以下問題。

（　　）4.科學家利用下列哪一項探測技術，可以知道木星的重力分布狀況？

（答對可得到 1 個👍哦！）

①偵測系外行星中巨大氣體行星的位置　②了解木星大氣中重元素的比例

③觀察朱諾號在繞極運行的軌道偏差　④測量木星表面大紅斑的變化速率

（　　）5.科學家透過了解木星重力分布的狀況，有機會進一步推論下列哪個問題？

（答對可得到 1 個👍哦！）

①木星的起源　②原始太陽從星雲中的誕生過程

③木星表面大氣層的成分　④木星眾多衛星的形成原因。

☆朱諾號探測器有許多特別的設計，讓它可以獲得其他探測器難以取得的資料。

（　）6. 朱諾號傳回很多木星南極和北極的照片，也得以偵測帶電粒子進入木星

磁場所產生的極光。主要原因不包含下列哪一項特徵？

（答對可得到 1 個👍哦！）

①配備微波輻射計，可以偵測極光的發生

②以繞極運動方式運行，路徑涵蓋兩極區

③配備朱諾相機，可以拍攝清晰的影像

④搭載三個樂高積木玩偶，增加觀測的有效度

（　）7. 地球和木星都有極光，下列何者不是發生極光的必要條件？

（答對可得到 2 個👍哦！）

①擁有磁場　②來自太陽的帶電粒子

③具有大氣層　④大氣層中擁有大量水氣

（　）8. 朱諾號探測器 2016 年 7 月抵達木星軌道時，預估只能觀測 20 個月、繞

行木星 37 圈。但截至 2021 年 6 月為止，朱諾號都還繞行木星，盡心盡

力的幫科學家進行觀測。假設朱諾號的繞行速度不變，請你估計從 2016

年至 2021 年 6 月，朱諾號已經繞行木星幾圈了？（答對可得到 2 個👍哦！）

①約 50 圈　②約 100 圈　③約 200 圈　④約 500 圈

延伸知識

1. **太陽系**：2006 年國際天文年會將圍繞著太陽運行的星體，依照星體外形以及運行

特徵，分為行星、矮行星和其他小天體：

星體分類	特質
行　星	繞著太陽運行、形狀接近球體、能清除軌道附近的其他天體。
矮行星	不是衛星、繞著太陽運行、形狀接近球體。
其　他	不是衛星、繞著太陽運行。

2. **木星的四大衛星**：在羅馬神話中，木星是眾神之神朱比特，朱諾是他的妻子，四大衛星的名字都是神話故事中朱比特的情人。木衛一埃歐，是朱諾神廟中的女祭司；木衛二歐羅巴是希臘神話中的腓尼基公主，也就是金牛座神話裡的女主角。歐洲大陸的名字也源自於此；木衛三甘尼米德是特洛伊國王子，受到朱比特的喜愛，將他帶到天上擔任為諸神斟酒的人；木衛四卡利斯托是狩獵女神阿蒂蜜絲的隨從侍女，大熊座和小熊座的故事就是關於卡利斯托以及她和朱比特的兒子。

3. **太陽星雲假說**：太陽星雲假說在 1734 年由瑞典科學家斯威登堡所提出，他認為太陽系的各個星球最早來自同一團星際雲氣，這些原本低溫的星際雲氣，在足夠的密度下，受到本身重力作用開始收縮、旋轉，逐漸凝聚成各星體。近百年來，太陽星雲假說經過許多天文學證據的檢驗和演譯，仍未臻完善，科學家必須有更多資料，才可能解開謎團。

延伸思考

1. 眾神之神朱比特在羅馬神話中有很多故事，金牛座、天鷹座、大熊星座、小熊星座等都與祂有關。上網查一查這些星座故事，並與師長和同學分享。

2. 伽利略號是第一個以木星為主要觀測對象的探測器，從 1995 年到 2003 年墜毀在木星表面為止，它不斷環繞木星公轉，近距離偵測木星的大氣和磁場，也傳回很多木星的近距離照片。除此之外，伽利略號也承接了其他的觀測任務。請上網查查看，伽利略號努力工作的八年中，還進行了哪些工作？

3. 朱諾號於 2011 年升空，飛行了五年、8.7 億公里後，進入木星軌道，直到 2021 年 6 月，朱諾號都持續觀測木星和木星衛星。請造訪美國航太總署的網站（go.nasa.gov/3jenPTj），看看朱諾相機拍攝的美麗照片以及最新發現。

土星的游泳圈 土星環

跟其他行星相比，
帶著明顯「游泳圈」的土星，顯得相當特別。
美麗又神祕的土星環是怎麼形成的呢？

撰文／邱淑慧

科隆波環縫　　　　　　　　馬克士威環縫

D 環 ├ C 環 ┤ B 環
7 萬 4500 公里　　　　　　　　9 萬 2000 公里

在太陽系八大行星中，土星獨樹一格的外形總是特別引人注意，只要透過小型望遠鏡就可以窺見那環繞著它的土星環，好像一個精緻的玩具一樣，令人驚豔不已。

第一個觀測到土星環的人是伽利略（Galileo Galilei），他在 1610 年時，首度使用望遠鏡觀看天空，但當時望遠鏡的倍率不夠，所以土星環看起來像是在土星旁邊有兩個小球，像「長了耳朵」一樣。直到 1659 年，天文學家惠更斯才描繪土星的環狀外觀。

現代利用先進的太空望遠鏡，我們已經可以看到清晰的土星環，還發現土星環不只是環，環裡面還有縫隙，於是天文學家將土星環的外觀分為好幾個環以及環縫（如下圖），土星環的厚度只有數百到數千公尺，但光是最明顯的 A 環和 B 環寬度就超過四萬公里，相對而言是個非常薄的構造，所以當土星以側面對著地球時，我們會以為土星環消失了！

惠更斯環縫　　　　　　　　　　　恩克環縫　基勒環縫

卡西尼環縫　　　　　　　　　　　A 環　　　　　　　　　　　　　　F 環
11 萬 7580 公里　　12 萬 2200 公里　　　　　　　　13 萬 6780 公里　14 萬 220 公里

地球上看見的土星環

地球看土星環的角度

▲伽利略首度觀察到土星環時畫下的圖樣，像是土星長了一對耳朵。

▲由於土星傾斜，以及地球與土星都繞太陽轉，土星環會以不同角度對著地球，因此從地球上會看到土星環的不同樣貌。當土星環側對著我們時，看起來像幾乎消失了。

土星環到底是什麼？

1657 年，法國天文學家卡西尼（Jean-Dominique Cassini）推測，土星環是由許多較小的環組成，每個環則是由無數的小顆粒組成，環和環之間有縫隙。1895 年美國天文學家基勒（James Edward Keeler）測量土星環轉動的速度，發現土星環內圈轉得比較快，外圈比較慢，而且發現土星環無法完全遮住後方的恆星，可見土星環並不是一個整體，而是由許多個別的顆粒組成。直到 1980 年、1981 年的航海家一號、二號太空船，飛掠過土星環時，終於證實了這兩位科學先驅的推測——土星環的確是由許多細小的環組成。

科學家進一步分析土星環，不同成分對光的反射情況不同，吸收能量之後所發出的光波長也會因物質而異，因此觀測並分析觀察到的土星環顏色，可以得知組成土星環的顆粒，成分主要是水冰，以及些許塵埃，有的像泥沙一樣細小、也有的大得像一座山。

土星為什麼有環？

土星環是怎麼形成的呢？有兩種主要的看法，一種認為是當彗星或小行星通過土星附近時，被土星的重力吸引過來，但是在接近土星的途中，因為土星強大的重力而瓦解；另一種看法則認為，組成土星環的這些物質本來是土星的一顆衛星，但因為離土星太近了，遭到土星的重力扯散，外層的冰剝離，核心則墜入土星，因此土星環的主要成分才會是水冰。

衛星和環的共舞

那為什麼土星環會有清晰的環縫呢？科學家認為這可能和衛星有關。雖然土星環是土星最顯眼的特徵，但其實土星有很多衛星環繞著，目前發現的土星衛星中，包括 60 幾顆較大的衛星，還有幾百顆位在土星環裡的小衛星。

土星環裡的衛星在繞土星公轉時，有可能被扯散，成為土星環的一部分，但也可能會吸引土星環的部分物質而成長，順便清出自己的軌道，形成環縫。而土星環物質也可能互相吸引、凝聚，形成新的衛星。1997 年發射的卡西尼號太空船，飛行了約七年後抵達土星周圍，在近距離繞行土星及它的衛星時，除了拍攝到清楚的土星環，也曾目擊土星環物質正在形成衛星的過程（下圖）。

另外，衛星有助於維持環的形狀。當環的內外側各有一顆衛星存在時，這兩顆衛星會有特別的功能——它們能使環的形狀保持穩定。外側的衛星運動的速度較慢，會使要逃脫的粒子速度減慢而向內掉；內側的衛星運動的速度較快，會使要向內掉的粒子速度變快而向外飛，因此這兩顆衛星就有如牧羊犬一樣，管束著中間的顆粒，使環維持細窄的形狀。

▲星體撞上土星環產生的噴流，這些外來星體被扯散，成為土星環的一部分。

▲卡西尼號拍攝的影像，很可能是土星環物質正在形成新的衛星。

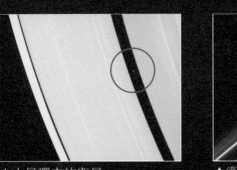

▲土星環中的衛星。

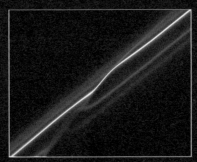

▲衛星在經過土星某個環附近時，衛星的引力會使環遭受干擾，甚至破壞環的結構。

▲在環的兩側各有一顆「牧羊衛星」，可以使環維持得又細又窄，不會分散開來。

有游泳圈的不只土星

除了土星之外，太陽系的其他氣態行星，如木星、天王星與海王星，也有行星環，但是都不像土星環那樣絢爛奪目，科學家推測其他氣態行星的環，主要成分可能是塵埃而不是冰，因此看起來較為黯淡。科學家也發現具有行星環狀構造的小行星，甚至距離我們約 420 光年外、太陽系以外的行星也具有行星環。

但是為什麼只有土星形成如此壯觀的行星環系統？目前還沒有確定的答案。卡西尼號於 2017 年 9 月結束了長達 13 年的土星探索之旅，它對土星環的近距離觀測數據，是否有機會解開謎題？讓我們期待後續的分析。 科

▲航海家二號拍攝的海王星環。

▲木星也有細小的環。

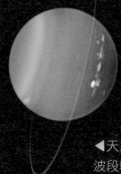

◀天王星的環在紅外波段較容易看見。

圖片來源：NASA

作者簡介

邱淑慧　中央大學天文研究所碩士，現任國立花蓮女中地球科學教師。

土星的游泳圈——土星環

國中地科教師　姜紹平

主題導覽

　　人類早在一、兩千年前就非常好奇太陽系中的行星，並開始探索，直到近代望遠鏡的出現，我們才有機會一覽行星真面目。土星比其他行星多了一圈美麗且閃亮的土星環，根據科學家長年研究，以及透過發射人造衛星就近觀察，人類才得知土星環是由水冰和大小不一的塵埃、岩石所組成；在土星環清晰的環縫之中，還有許多衛星，繞著土星旋轉。

　　〈土星的游泳圈——土星環〉介紹了土星環的組成、結構、可能的成因以及土星環如何維持這樣特別的形狀。閱讀完文章後，可以利用「挑戰閱讀王」幫助自己更加理解文章。同時可以與同學、老師一起討論「延伸知識」，深入探討關於土星環的奧祕，以及其他行星的星環，還有認識那些飛掠過土星環的人造衛星，都有助於天文科學的進一步學習。

關鍵字短文

　　〈土星的游泳圈——土星環〉文章中提到許多重要的字詞，試著列出幾個你認為最重要的關鍵字，並以一小段文字，將這些關鍵字全部串連起來。例如：

關鍵字： 1. 行星環　2. 土星環　3. 衛星　4. 土星　5. 卡西尼號太空船

短文： 太陽系的許多行星都有行星環，其中又以土星環最為特別且容易觀察。土星環的組成不只有冰、塵埃、大小不一的岩石，環中還有許多環縫，以及許多衛星在環縫中繞著土星旋轉。為了更加了解土星環的組成，人類發射許多人造衛星，飛掠、就近觀測土星環。其中最著名的是卡西尼號太空船，花費 13 年觀察土星、土星環以及土星的衛星，讓人類得以探知土星的奧祕。

關鍵字： 1.＿＿＿＿　2.＿＿＿＿　3.＿＿＿＿　4.＿＿＿＿　5.＿＿＿＿

短文： ＿＿＿＿＿＿＿＿＿＿＿＿＿＿＿＿＿＿＿＿＿＿＿＿＿＿＿＿

＿＿＿＿＿＿＿＿＿＿＿＿＿＿＿＿＿＿＿＿＿＿＿＿＿＿＿＿＿＿

＿＿＿＿＿＿＿＿＿＿＿＿＿＿＿＿＿＿＿＿＿＿＿＿＿＿＿＿＿＿

挑戰閱讀王

看完〈土星的游泳圈——土星環〉後，請你一起來挑戰以下題組。

答對就能得到👍，奪得 10 個以上，閱讀王就是你！加油！

☆人類觀測土星的歷史久遠，試著回答關於土星觀測的問題。

（　）1.伽利略觀察土星時，畫下了土星環的模樣，像是土星旁邊長了兩個耳朵。

　　　　請問在不同時間觀察土星時，土星環呈現角度不同的原因是什麼？

　　　　（答對可得到 1 個👍哦！）

　　　　①土星環本身會不斷變更環與土星之間的傾角

　　　　②土星自轉軸傾斜，造成土星公轉到不同位置時，地球上會看到不同角度

　　　　　的土星環

　　　　③地球自轉軸不斷改變傾斜的角度，造成我們觀察到的土星環角度不同

（　）2.為什麼從某些角度觀察土星時，不容易看到土星環？

　　　　（答對可得到 1 個👍哦！）

　　　　①土星環某些時候會消失

　　　　②土星環會被其他行星的影子遮住

　　　　③土星環很薄，很難從側面觀察

（　）3.土星環不是單一物體，而是由許多不同的細小物體所組成，請問這個論點

　　　　是根據天文學家觀測到什麼現象？（答對可得到 1 個👍哦！）

　　　　①土星環不能遮住後方恆星的光芒

　　　　②土星環會反射太陽的光線

　　　　③土星環的顏色深淺不同

☆土星環的組成與結構都非常特別，請根據文章內容，回答關於土星環的問題。

（　）4.形成環縫的原因可能是下列哪些？（多選題，答對可得到 2 個👍哦！）

　　　　①衛星清除了軌道上的物質，形成環縫

　　　　②環內的物質互相撞擊，聚集形成新的衛星

　　　　③環縫中的物質無法反射太陽光，因此看不見

（　　）5.土星環的形成原因有哪些？（多選題，答對可得到 2 個👍哦！）

　　　　①土星表面火山爆發，噴出大量物質而形成土星環

　　　　②經過土星的天體如小行星、彗星，因為受到土星的重力吸引而崩解、圍
　　　　　繞成土星環

　　　　③原本圍繞土星的衛星，因為靠近土星而被土星的重力扯散，剩餘物質形
　　　　　成土星環

☆文章中提及，不只土星，其他行星也有環系統存在。試著回答下列問題。

（　　）6.除了土星，還有哪些太陽系的行星有環系統？

　　　　（多選題，答對可得到 2 個👍哦！）

　　　　①金星　②木星　③天王星　④海王星　⑤火星

（　　）7.其他有環系統的行星並不像土星環容易被觀察，原因是什麼？

　　　　（答對可得到 2 個👍哦！）

　　　　①其他行星距離地球比土星遠，所以無法觀察

　　　　②其他行星環的組成物質與土星環不同，反射光的程度也不同

　　　　③其他行星的環沒有環縫，因此更難分辨

延伸知識

1.**卡西尼－惠更斯號**：這兩具探測器於 1997 年 10 月 15 日一同發射升空，並於
2004 年 12 月 25 日分離。卡西尼號的主要任務是測量土星環的三維結構與動態
行為，還有研究土星大氣層各個層面的特徵。惠更斯號的主要任務是登陸土星最
大的衛星泰坦，並研究泰坦的大氣與地質狀態；惠更斯號也是史上第一個在外太
陽系天體上著陸成功的太空船。

2.**天王星環**：土星環是人類第一個觀測到的行星環，第二個被觀察到有環系統的行
星是天王星。天王星的環系統非常特別，由於天王星的自轉軸偏轉角度達 97 度，
導致它幾乎像是一顆躺著轉動的行星。因此從地球觀察天王星的環系統與衛星時，
看起來就像是一個圍繞在天王星周圍的時鐘。天王星的環大多由塵埃與微粒組成，
並不如土星環明亮顯眼。其他類木行星如木星、海王星，也都有自己的環系統。

3. **光環雨**：土星環的成分大部分是冰，這也是土星環能夠反射陽光並且容易被觀察的主因。土星環中的冰塊會與塵埃、岩石或其他環中物質互相碰撞之後粉碎，落到土星的表面，形成特有的「光環雨」，因此土星環可能在一億年之後消失。

延伸思考

1. 文章中提到，不只卡西尼號對於土星環的研究有重大貢獻，航海家一號、航海家二號等許多太空船都曾經探訪土星。查查看，哪些太空船曾經飛掠、探索了土星環，又有什麼發現？

2. 土星環中除了冰、塵埃與岩石，還有許多衛星圍繞著土星，其中最有名的衛星就是泰坦。許多科學家表示，泰坦的環境可能與地球最為相似，而惠更斯號更是登陸了泰坦。請你查一查，泰坦有什麼特別之處，惠更斯號又發現了什麼特質，使得科學家認為泰坦與地球最為相似呢？

3. 土星環的某些部分是靠著像牧羊犬般的兩顆衛星互相牽引，有助於土星環維持結構與形狀。想一想，這些衛星、土星環與土星之間，是靠著什麼樣的力互相牽引，使得土星環可以維持在土星的周圍，不會被拋出太空也不會墜落到土星？

剛誕生的地球好熱！

地球剛誕生的那段時期，
溫度可是比現在高很多喔！
不過，都那麼久以前的事情了，
要如何找出證據呢？

撰文／周漢強

每年一到 7、8 月，雖然是愉快的暑假，但暑熱是不是也讓大家吃不消？且慢！地球偵探現在要帶著大家回到更古老的地球，體會一下什麼叫做真正的「天氣熱」！什麼？時光機？我又不是哆啦 A 夢。地球偵探當然還是要憑藉各種蛛絲馬跡，還原案件的歷史現場囉！

地球的年齡大約 46 億歲，我們先來看看地球剛形成時，留下了哪些證據：

生物化石？雖然最早的生物化石可以回推到 30 多億年前，但是要等到化石大量出現，至少也要到五億多年前。

冰芯和深海沉積物？因為海洋會隨著板塊運動而隱沒，所以除非古老的海洋沉積物被推擠到陸地上，否則已經全部隱沒到地球內部了，而目前地球表面最老的海洋大概只有兩億年。冰芯？那更是早就融化光了。

陸地上的岩石？這大概是我們唯一可以找到地球上最古老證據的機會，但是地表上無可避免的會有風化跟侵蝕來破壞這些證據，更何況岩石地層裡如果沒有生物化石，要解釋地球的氣候會更加困難。

糟糕，這下子地球偵探陷入困境了。如果沒有半點蛛絲馬跡，該怎麼辦案呢？既然如此，我們就先換個角度來想想，有哪些因素可能會是影響地球氣候最主要的條件，然後我們再循線追蹤，找出答案來。

是太陽把地球烤熱的？

說到天氣熱，大家第一個想到的「嫌疑犯」是誰？沒錯，當然是太陽！

目前地球表面的能量主要來自太陽的輻射。只要地球繞太陽的軌道有一點點改變，影響太陽輻射到達地球表面的分布，產生些微變化，就可能導致寒冷的冰河期出現。既然如此，如果太陽的強度在地球歷史上有過更顯著的變化，那地球氣候不就更像在坐雲霄飛車那樣的上下震盪？！

太陽的能量來自一種叫做「核融合」的過程，由四個氫原子經過一連串碰撞後融合成一個氦原子，過程中會損失一小部分的質量，這些質量會轉化成為巨大的能量放射出來。在 40 至 50 億年前，太陽開始聚集周圍的氫跟氦，這些物質的重力收縮作用讓太陽的體積慢慢縮小、內部溫度慢慢提高，才開始了這個核融合的過程。

核融合必須要在氫原子密度跟溫度都極高的條件下才能發生，即使是現在，估計也只有在太陽最接近核心的 10％ 範圍內可以產生核融合反應。換句話說，太陽從 40 幾億年前開始產生核融合反應之後，溫度會持續上升，核融合反應也會持續增強。根據估計，現今的太陽輻射量大約比當時高了 30％ 左右。也就是說，如果只考慮太陽的強度，地球是一直在變熱的！

繪圖：張國瑞；圖片來源：Shutterstock

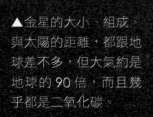

溫室氣體把地球「悶」熱？

可是，除了太陽以外，難道沒有其他會影響地球氣候的重要因素嗎？有的，那就是溫室氣體的含量變化。

所謂溫室氣體，是指那些會把地球向外散出去的能量給吸收，又把一部分能量放射回地球的氣體。目前地球表面大氣中最重要的溫室氣體是二氧化碳，大約占整個大氣含量的萬分之四（0.0004 大氣壓）。但是在地球形成時，二氧化碳的含量不是只有那麼一點點。科學家根據目前火山所噴出的氣體，推論地球剛形成時的氣體主要是由水氣和二氧化碳組成，其中水氣因為凝結降到地面形成海洋，所以當時大氣裡恐怕都是二氧化碳！

全部？！如果整個大氣（一大氣壓）幾乎都是二氧化碳，那不就差不多是今天大氣中二氧化碳含量的 2500 倍？！不，其實情況遠比我們想像的可怕，因為當時的地球大氣可能不是一大氣壓，而是 70 至 90 大氣壓。也就是說，當時大氣中的二氧化碳含量，有可能是今天的 20 萬倍。天啊！這麼多二氧化碳現在到哪裡去了？

轉頭看看我們的鄰居——金星，金星的大小、組成都跟地球差不多，距離太陽也差不多遠，但是金星的大氣大約是地球的 90 倍，而且幾乎都是二氧化碳。科學家估計，地球和金星的質量相差不多，所以重力能夠抓住不放的大氣含量應該也差不多，但是為什麼金星的大氣量是地球的 90 倍，而且幾乎都是二氧化碳？真正的關鍵可能是，地球把二氧化碳「用掉了」！

由於地球誕生初期形成了廣闊的海洋，二氧化碳溶解到海水裡面之後，會和海水中的鈣離子結合成碳酸鈣，然後沉澱到海底，大氣中的二氧化碳含量於是漸漸減少。加上地球後來演化出生物，還有些會加速結合溶解在海水中的二氧化碳和鈣離子，

▲金星的大小、組成、與太陽的距離，都跟地球差不多，但大氣約是地球的 90 倍，而且幾乎都是二氧化碳。

圖片來源：NASA

有些甚至開始進行光合作用，把二氧化碳轉變成其他物質。就這樣，地球大氣中的二氧化碳最後只剩下現在的程度。

總結來說，地球在歷經形成初期的隕石轟炸之後，溫度在 1000 萬年之內迅速下降到大約 200 至 350℃。雖然這個溫度還是超過水的沸點，但因為當時的大氣壓力是現在的好幾十倍，所以水氣已經可以開始凝結，然後降到地面。再過了大約五億年，地表的溫度才真正由當時那顆不算熱的太陽，和超級濃厚的二氧化碳在進行強大的溫室效應所控制，溫度大約是 70℃，很熱吧！後來地球大氣的二氧化碳含量漸漸減少，太陽的強度漸漸增強，地球的溫度開始緩慢降低，一直到現在。

案情發展到這裡，你有沒有發現自己剛剛經歷了一場有驚無險的大劫難？想想看，如果在地球形成的初期，太陽比較熱一點，或是二氧化碳比較多一點，造成地球的溫度高一點，我們的海洋就會多蒸發一點水氣。因為水氣也是溫室氣體，所以多的這些水氣，會讓地球更熱一點，蒸發更多的水氣，然後能夠溶解到海水裡面的二氧化碳會更少。

很快的，地球的海洋會全部蒸發，像我們這樣的地球生物當然不可能演化出來。這個狀況真的有可能發生嗎？轉頭看看我們的鄰居——金星和火星，答案顯而易見吧！

其實地球最早的這一段歷史，能提供給我們的證據實在不多，所以我們借助了天文學家對太陽的觀測與理論、用現在的火山氣體成分來推論地球形成時的大氣成分、用地表石灰岩的數量來推論過去地球大氣中的二氧化碳含量，甚至用金星的狀況來做對比，才能夠得到地球形成以來大概的氣候變化趨勢。對於當時氣候狀況的細節，恐怕我們還是很難搞得清楚。

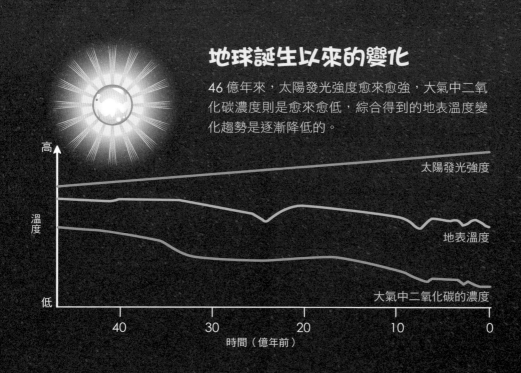

地球誕生以來的變化

46 億年來，太陽發光強度愈來愈強，大氣中二氧化碳濃度則是愈來愈低，綜合得到的地表溫度變化趨勢是逐漸降低的。

高

溫度

低

太陽發光強度

地表溫度

大氣中二氧化碳的濃度

40　　30　　20　　10　　0
時間（億年前）

地球曾經是雪球？

不過，我們從兩件距離現在比較近的氣候事件，得到比較多細節線索，一件是大約六至八億年前的「雪球地球」事件，另一件是大約 5000 萬年前的「喜馬拉雅山把冷氣打開了」事件。

六到八億年前的地球，沒有太多生物化石被保存下來，但是在世界各地地層中，發現了許多冰河所留下的沉積地層。冰河留下的沉積地層有個明顯的特徵，會夾雜著大小不一的球狀礫石。一般河流的搬運作用會因為水流量的大小決定搬運的顆粒大小，所以正常的沉積地層裡，顆粒大小是相近的。但冰河移動的時候，是由冰把冰河底部的大小顆粒同時包夾住一起搬運，於是冰河的沉積物會出現大小不一的顆粒。

如果世界各地同時出現冰河的遺跡，那是不是表示當時整個地球都被冰封了呢？沒錯，這就是雪球地球最初的假設。這和我們平常聽到的冰河時期並不一樣，最近幾十萬年來的冰河期，最多也只是高緯度陸地的冰河變得比較多，可是沒有達到連低緯度熱帶地區也結冰的地步。所以雪球地球的說法最初提出來時，受到了很多質疑。

隨著世界各地發現愈來愈多同時期的冰河遺跡，愈來愈多人開始相信雪球地球事件可能真的曾經發生。

▲在美國愛達荷州觀察到的冰河沉積地層，地層中有明顯突兀的大顆粒沉積。

雪球事件的成因？

雪球事件發生原因至今沒有肯定的答案，科學家提出以下三種說法，各有支持者。

超級火山爆發。 大量噴發的火山灰暫時阻擋了陽光照射到地表，導致地表溫度突然下降。

板塊運動讓陸地集中到低緯度地區。 低緯度地區容易下雨，大量的陸地沉積物被沖刷到海洋，這些沉積物中的鈣離子會和溶解在海水中的二氧化碳結合而沉澱，導致大氣中的二氧化碳濃度降低，溫室效應也降低，地表溫度於是跟著降低。

板塊運動讓陸地都集中到高緯度地區。 因為陸地在高緯度地區會比海洋表面更容易形成冰河，而冰河會反射較多的太陽光，導致地球表面吸收的太陽光變少，溫度降低。

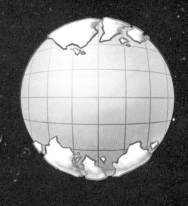

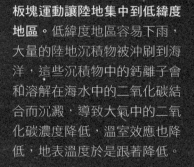

科學家利用電腦模擬發現，由於冰層會把太陽光反射回太空，如果陸地結冰的範圍往低緯度地區擴張一點，會導致地球更難吸收到太陽的能量，而變得更冷，甚至把整個地球都冰封住也是有可能的。只不過，地球又是怎麼會冷到連低緯度地區都結冰了呢？科學家提出許多可能性，像是超級火山爆發、板塊運動讓陸地集中到低緯度地區、板塊運動讓陸地都集中到高緯度地區等（見上方「雪球事件的成因？」一欄）。

這些假設各自得到一些支持的證據，但有些證據彼此之間卻相互矛盾，例如當時的陸地究竟是集中在低緯度還是高緯度地區，就是彼此矛盾而有所爭議的理論。雖然六到八億年前這個雪球地球事件看起來真的發生過，但兇手是誰？為什麼會發生？仍然是眾說紛紜，沒有定論。

誰開了冷氣？

接下來我們把時間繼續拉近到恐龍時期，恐龍所生活的中生代是地球最後一個溫暖的時期。當時整個地球幾乎沒有半點冰河的遺跡，地球的海平面比現在足足高了將近 60 公尺！但是伴隨著恐龍消失在地球上，進入新生代之後的地球氣溫也開始突然降低，甚至到了最近這幾百萬年，地球開始頻繁的出

繪圖：張國瑞．圖片來源：Wikimedia Commons、Shutterstock

喜馬拉雅山開冷氣？

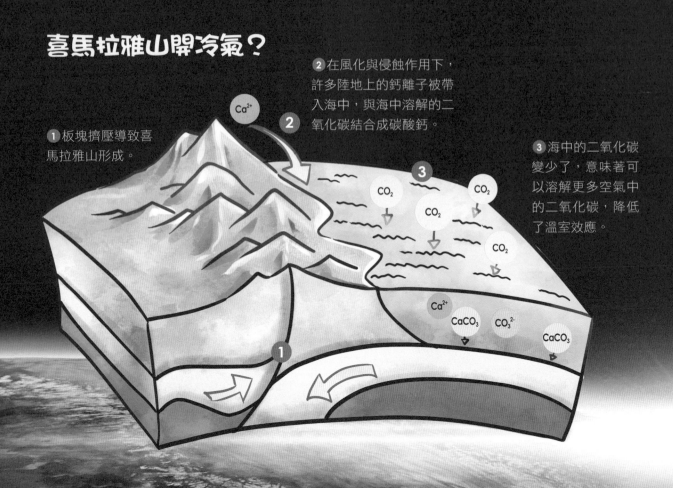

1 板塊擠壓導致喜馬拉雅山形成。

2 在風化與侵蝕作用下，許多陸地上的鈣離子被帶入海中，與海中溶解的二氧化碳結合成碳酸鈣。

3 海中的二氧化碳變少了，意味著可以溶解更多空氣中的二氧化碳，降低了溫室效應。

現冰河時期。這究竟是怎麼回事？為什麼地球突然變得這麼冷？

理由很神奇，居然是因為喜馬拉雅山把冷氣打開了！

原來是印澳板塊的印度大陸和歐亞板塊的亞洲大陸彼此互相擠壓，抬升起整個巨大的喜馬拉雅山脈和西藏高原。伴隨著迅速抬高的地表而來的，是大量風化侵蝕的作用，這個機制最後會導致大氣中二氧化碳的含量減少，減低溫室效應，所以地球才開始變冷。也就是說，我們現在雖然處在間冰期，沒有像冰河期那麼冷，但是對於整個地球歷史來說，還是在相當寒冷的時期裡。

回顧整個地球的歷史，我們可以發現地球總是那麼幸運的「絕處逢生」，沒有一開始就熱到失控，也沒有被雪球地球事件永遠冰封。即使在我們已經覺得很熱的現在，其實也還是地球歷史上相對寒冷的時期。地球的溫度變化就像萬物的母親，一直小心翼翼的呵護著我們，所以我們更應該好好保護地球，讓地球有機會再度過下一個 46 億年的氣候變化與考驗。 科

作 者 簡 介

周漢強　臺中市清水高中地球科學老師，人稱「強哥」，經營部落格「新石頭城」。從高中開始熱愛地球科學，除了地科之外，他也熱愛加菲貓。

繪圖：張國瑞　圖片來源：Pxfuel

剛誕生的地球，好熱！

國中地科教師　侯依伶

主題導覽

　　科學家記錄到自從工業革命以來，地球的平均氣溫逐漸升高。然而，現在的大氣溫度在地球歷史上不能算是高溫。地球剛誕生時，地表溫度比現在高許多，受到各種巧合影響，才逐漸降至現在適合生物生存的溫度。

　　〈剛誕生的地球，好熱！〉說明了地球早期高溫的原因，以及導致地球氣溫下降的幾個重要地質事件。閱讀完文章後，你可以利用「挑戰閱讀王」了解自己對這篇文章的理解程度；「延伸知識」中補充溫室效應、板塊運動以及太陽系中類地行星的大氣成分和表面溫度，可以幫助你更深入認識地球！

關鍵字短文

　　〈剛誕生的地球，好熱！〉文章中提到許多重要的字詞，試著列出幾個你認為最重要的關鍵字，並以一小段文字，將這些關鍵字全部串連起來。例如：

關鍵字：1. 火山噴發　2. 溫室氣體　3. 地表溫度　4. 海洋　5. 碳酸鈣

短文：地球誕生時，因為火山噴發，把大量的溫室氣體帶入地球大氣，濃厚的溫室氣體保存了大量地球輻射的熱能，因此地球一直維持相當高的地表溫度。一直到海洋形成後，岩石中的鈣離子被河流帶入海水，和溶解在水中的二氧化碳結合成碳酸鈣，地表溫度才得以慢慢降低。

關鍵字：1.＿＿＿＿＿　2.＿＿＿＿＿　3.＿＿＿＿＿　4.＿＿＿＿＿　5.＿＿＿＿＿

短文：＿＿＿＿＿＿＿＿＿＿＿＿＿＿＿＿＿＿＿＿＿＿＿＿＿＿＿＿＿＿＿＿

＿＿＿＿＿＿＿＿＿＿＿＿＿＿＿＿＿＿＿＿＿＿＿＿＿＿＿＿＿＿＿＿＿＿＿

＿＿＿＿＿＿＿＿＿＿＿＿＿＿＿＿＿＿＿＿＿＿＿＿＿＿＿＿＿＿＿＿＿＿＿

＿＿＿＿＿＿＿＿＿＿＿＿＿＿＿＿＿＿＿＿＿＿＿＿＿＿＿＿＿＿＿＿＿＿＿

挑戰閱讀王

看完〈剛誕生的地球，好熱！〉後，請你一起來挑戰以下題組。

答對就能得到👍，奪得 10 個以上，閱讀王就是你！加油！

☆文章指出，科學家認為太陽發光強度和地表溫度、大氣二氧化碳濃度的關係，可以用這張圖來表示，試著回答下列相關問題。

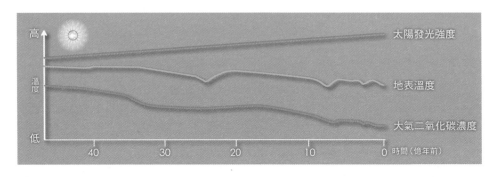

（　）1.根據此圖，下列哪一項敘述較為正確？（答對可得到 1 個👍哦！）

①太陽的發光強度自太陽生成後逐漸增強

②地表的溫度自地球生成後不斷的下降

③大氣中的二氧化碳濃度自地球生成後持續減少

④地表溫度的變化趨勢與二氧化碳濃度變化趨勢完全吻合

（　）2.由此圖可以看出太陽發光強度對地表溫度、大氣二氧化碳濃度影響為何？

（答對可得到 1 個👍哦！）

①太陽的發光強度增加，造成地表溫度下降

②太陽的發光強度增加，造成大氣中二氧化碳濃度減少

③太陽的發光強度增加，同時造成地表溫度和大氣中二氧化碳濃度減少

④太陽發光強度逐漸增強，但不一定會影響地表溫度和二氧化碳濃度

（　）3.地球形成初期有大量的二氧化碳，主要來源與下列哪個事件息息相關？

（答對可得到 1 個👍哦！）

①地球早期火山爆發　②地球最早的生命演化

③來自太陽的輻射與地表大氣反應　④隕石撞擊時帶入地球的氣體

（　　）4.隨著地球早期的二氧化碳逐漸減少，海洋中哪一種岩石逐漸增加？
（答對可得到 1 個👍哦！）
①由鵝卵石堆積而成的礫岩　②由岩漿冷卻凝固的玄武岩
③由化學反應沉澱形成的石灰岩　④由板塊擠壓形成的片岩

☆即使地球進入了生命蓬勃發展的顯生元，地球的氣溫還是不斷有高低變化。科學
　家綜合了來自化石和沉積物的資料，推論出過去五億多年全球氣溫的變化趨勢如
　下圖。請依照此圖回答問題。

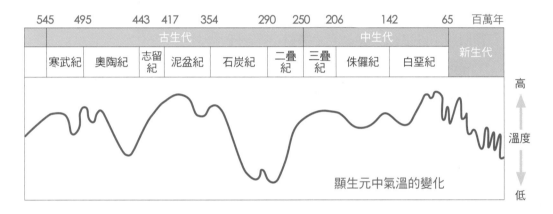

顯生元中氣溫的變化

（　　）5.科學家使用了不同的組合因素，說明地球近五億多年的氣溫變化趨勢，下
列哪一個不是科學家提出的影響因素？（答對可得到 1 個👍哦！）
①地球陸地和海洋隨著板塊運動的移動　②地球與太陽距離的變化
③地球自轉軸與公轉軌道的變動　④人類的介入與工業發展

（　　）6.根據上圖，石炭紀到二疊紀之間是顯生元中氣溫最低的一段時間，請問這
段時間地球環境應該會有下列哪一項特徵？（答對可得到 1 個👍哦！）
①植物無法生長，導致動物瀕臨滅絕
②火山活動減緩，釋放的二氧化碳隨之減少
③南北極被冰川、冰山覆蓋，海平面隨之下降
④較低的氣溫讓海洋中的二氧化碳釋放，增加大氣中二氧化碳的濃度。

（　　）7.將此圖結合地球生物的演化，可以推知下列哪一項事實？
（答對可得到 1 個👍哦！）

①恐龍生存的年代是地球氣溫較低的一段時間

②哺乳類繁盛發展的這一段時間，導致地球溫度逐漸升高

③若現今地球溫度變化的趨勢持續下去，地球生物會全部滅亡

④三葉蟲出現的寒武紀時期，當時地球氣溫整體而言偏高

☆不同地質的沉積物具有各自的特徵，文章中提及雪球地球的其中一個重要證據，
　是在世界各地地層中發現冰川的沉積物，試著回答下列有關冰川堆積物的問題。

（　）8.冰川帶來的堆積物特徵是大小不一的石塊，由於沒有像河流搬運的礫石一
　　　　樣在河水中彼此碰撞滾磨，較不會呈現圓潤光滑的外貌。請選出下圖中最
　　　　類似冰川堆積物的樣本。（答對可得到 2 個👍哦！）

① 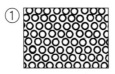 ②  ③  ④

（　）9.如果將冰川堆積物依照顆粒大小進行分類，並將每一類分別秤重記錄，做
　　　　成統計圖表後，最有可能接近下列哪一張圖所呈現的規律？
　　　　（答對可得到 2 個👍哦！）

① 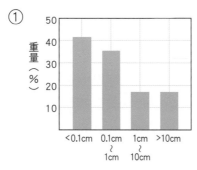　②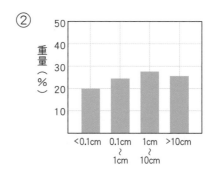

③ 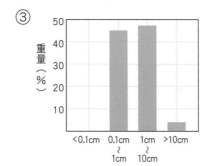　④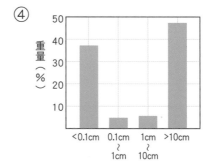

圖片來源：Shutterstock

延伸知識

1. **板塊運動**：地球表層的岩石圈並不是完整的，而是破裂成大大小小許多塊，稱為板塊。每一個板塊受到下方地函熱對流的影響，會往不同方向移動，因此有些板塊之間會互相拉張，有些板塊會互相擠壓碰撞，即為板塊運動。板塊運動會造成地表陸地和海洋的分布位置改變，也會引發地震和火山活動。

2. **溫室效應的由來**：地球大氣中的水氣、二氧化碳、甲烷等溫室氣體容易吸收地球向外輻射的紅外線能量，一方面減緩地球散熱速率，另一方面將能量以紅外線的形式輻射回地表，使地球表面維持在較高的平衡溫度，這個作用與農民種植花卉時興建溫室、減少晝夜變化對溫度的影響之效果相同，因此稱為溫室效應。

3. **類地行星的大氣成分和表面溫度比較表**：

行星	水星	金星	地球	火星
大氣主要成分	幾乎沒有大氣	二氧化碳	氮氣、氧氣	二氧化碳
大氣壓力	幾乎為零	90atm	1atm	0.01atm
地表溫度	-100～400℃	450℃	15℃	-143℃～35℃

延伸思考

1. 雪球地球假說認為，地球在六到八億年前處於冰封的狀態，除了文章中提到的冰川沉積物之外，請你上網找一找，還有哪些證據可以支持冰封地球的事件？當地球被封印在冰雪之下，早期的原始生命如何躲過這一場災難呢？（參考資料 bit.ly/3j17voR）

2. 目前全球暖化趨勢對地球環境、生命造成了不同程度的影響，請你列出五項不同層面的影響，並和其他同學寫下來的比較看看。

3. 在人類的歷史上，每一次小冰河時期的到來都會對人類的活動、農曆、政權等造成影響。利用圖書館的資源，查找與人類文明發展及氣候相關的書籍，藉由閱讀更了解氣候和人類歷史的關聯性。

潮起潮落 因為月

舉頭望明月，低頭……就來看看月球引起的潮汐，
以及在潮汐中「討生活」的生物！

撰文／張容禎

月到中秋分外明——中秋節除了烤肉、吃月餅和柚子，當然也要抬頭看看月亮。高掛在天上的月亮好像遙不可及，其實一直影響著我們呢！

月球對地球最顯而易見的影響是「潮汐」，也就是海面週期性的起落。海邊的海水逐漸上升，愈來愈高，漲到最高點「滿潮」之後，又逐漸下降，水位愈

潮汐的成因

月球對地球的引力與地球繞地月質心的離心力，
兩者合成起來，使得地球的海水向兩側突起，
面向月球和背對月球的地方都是滿潮。

▶ 地球繞地月質心的離心力
▶ 月球對地球的引力
▶ 合成的結果

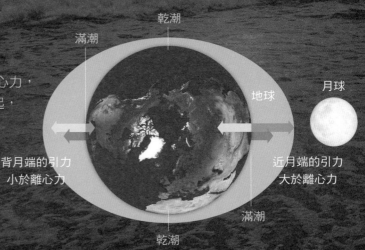

乾潮

滿潮

地球

月球

背月端的引力
小於離心力

近月端的引力
大於離心力

滿潮

乾潮

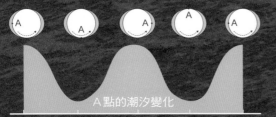

A點的潮汐變化

| 0小時 | 6小時 | 12小時 | 18小時 | 24小時 |

◀假設地球上的A點一開始在滿潮的地方，隨著地球自轉開始退潮，6小時後為乾潮；12小時後再度滿潮，18小時後第二次乾潮，24小時後又開始另一次的潮汐週期。

來愈低，退到最低點「乾潮」，又開始漲潮、滿潮、退潮、乾潮……如此周而復始，循環不已。

隨著月相變化

距離地球大約 38 萬公里遠的月球，怎樣影響地球的海水呢？這是因為地球與月球的引力作用。有質量的物體和物體之間具有相互吸引的作用力，也就是「萬有引力」。地球對月球有引力，月球對地球也有引力。距離愈近，引力愈大；距離愈遠，引力愈小。

除了互相吸引之外，地球和月球還會轉動。我們常說，月球繞著地球轉，但其實地球和月球是共同繞著一個點轉，這個點叫做「地球與月球的共同質心」，簡稱為「地月質心」。

地球繞著地月質心轉時，會產生離心力，但各地方受到的月球引力與離心力並不平衡——地球面向月球那一側，距離月球比較近，月球引力大於地球繞地月質心的離心力；背對月球那一側，距離月球比較遠，月球引力小於離心力。不平衡的結果，使得地球的海水往兩側推擠，而形成近月端、背月端兩處滿潮。隨著地球自轉，一個地方每天於是有兩次漲潮、兩次退潮。水位漲到最高時是滿潮，退到最低時稱為乾潮，而滿潮與乾潮之間的水位差異，稱為「潮差」。

不過，每天滿潮和乾潮的水位都不一樣，因為潮汐作用不只受到月球影響，也會受太陽對地球的引力影響，所以會因為月球、地球、太陽的相對位置不同，產生週期變化。

潮汐水位不一樣？

太陽與地球之間也有引力，所以太陽同樣會對地球造成潮汐作用，只是影響比月球造成的潮汐小。當新月或滿月時，月球、地球和太陽呈一直線，太陽造成的潮汐與月球造成的潮汐會加成，因此形成大潮，潮差最大；上弦月或下弦月時，月球、地球和太陽呈直角，月球和太陽造成的潮汐方向不同，因此形成小潮，潮差最小。如此一來，每個月會有兩次大潮、兩次小潮。

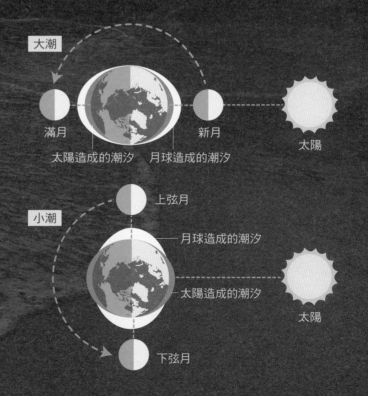

大潮

滿月　　　　新月　　　　太陽

太陽造成的潮汐　月球造成的潮汐

上弦月

小潮　　　　月球造成的潮汐

太陽造成的潮汐　太陽

下弦月

圖片來源：Shutterstock、NASA

潮來潮去的生活

潮水來來去去，影響著地球上生物的生活。位在滿潮與乾潮之間的海岸——潮間帶，是陸地與海洋的交界，漲潮時會被海水淹沒，退潮時則暴露在空氣中。這裡連結了海洋與陸地的資源，加上不斷變動的環境因子，以及不同的地形，例如岩岸、沙灘、海灣、紅樹林等，造就了豐富的生物多樣性。不過，潮間帶除了水分忽多忽少，光照、溫度、鹽度和溶氧量等也會劇烈變化，海浪的沖刷更在所難免，任何生物想在這裡安身立命，可得有特異功能才行！

以水分來說，潮間帶退潮後會變得乾燥缺水，生物必須使出抗旱的本領，像

是海蟑螂會躲進岩石縫隙中，以減少水分蒸散。藤壺、螺類等會緊閉開口，好保存體內的水分。生活在沙灘或泥灘的動物，通常會潛入潮溼的泥沙裡。海藻雖然沒辦法移動，但具有豐富的膠質可以吸水和保水，海葵則分泌黏液來防止失水。

露出水面的潮間帶受到太陽曝晒，溫度會升高，潮間帶的居民也要想辦法避暑或散熱。舉例來說，貝類的殼有許多凹凹凸凸的紋路，能增加散熱的表面積，牡蠣則以白色的外殼來反射陽光、減少吸熱。

每當洶湧的潮水來襲，波浪強力的拍打和沖刷對生物也是致命的威脅，可移

圖片來源：Shutterstock

▼石蓴是綠色的藻類，用圓盤狀的附著器固定在岩石上，避免被海浪沖走。藻體扁平柔軟，可隨海浪擺動而不會被折斷。新北市石門區的老梅海岸，潮間帶的石槽每年 2 月至 6 月會長滿石蓴，像是鋪上了綠色地毯，形成特殊的「綠石槽」景觀。

動的動物趕緊找地方掩蔽，固著性的生物或貼或黏或吸，讓身體牢牢附著在岩石上。有些動物則是長得又扁又平，利用身體的造型來減低波浪的沖擊。

　　不管是岩岸、沙灘，還是泥灘地，生活在潮間帶的生物個個身懷絕技，下次到海邊遊玩時，記得好好拜訪牠們！當然，你並沒有適應潮間帶的特殊技能，所以最好乾潮時前往。觀察時也要注意潮水的變化。

▶文蛤俗稱「蛤蜊」，住在沙岸，是餐桌上常見的食用貝類。文蛤的兩片殼呈三角形，光滑的外殼可降低海水阻力，讓牠不容易被潮水沖走。牠還會用強而有力的斧足掘沙，把身體埋入沙泥，漲潮時從沙中伸出「入水管」濾食浮游生物和有機碎屑，並由「出水管」排出雜質。

◀螻蛄蝦俗稱「蝦猴」，體長約五公分，生長在泥灘地，一生都住在自己挖的洞穴中，濾食水中的有機物質。螻蛄蝦的洞穴很深，可超過一公尺，呈丫字形，有兩個洞口，分別為入水口和出水口，隨著潮起潮落帶來氧氣、食物，也帶走排泄物。螻蛄蝦是彰化沿海傳統的海鮮名產，曾被人類大量捕撈，差點絕跡，後來漁會在海邊設立保護區，才讓牠們恢復生機。

▶藤壺常見於岩岸，是甲殼類動物，外殼堅硬呈圓錐狀，像個小小的火山，可降低海浪的衝擊，還會分泌強力的黏著物質將自己牢牢黏在岩石上，避免被海浪沖走。退潮時會封閉殼口，以保持水分；漲潮時，則伸出附肢濾食水中的浮游生物。

▲和尚蟹生活在沙灘或泥灘地，有圓球狀的甲殼，呈藍紫色，很像和尚頭，因此叫「和尚蟹」。這種蟹不是橫著走，而是可以向前走。退潮時，會成群在泥灘上覓食，將泥沙放進口中，濾食後再將泥沙吐出。若受到驚嚇，會快速旋轉挖洞，躲進沙中。

▶陽燧足是海星的近親，身體扁平，有五條細細長長的腕足，在臺灣的岩礁潮間帶時常可見。白天通常藏匿在礁岩縫隙中，漲潮時會伸出兩三隻腕足在水中揮舞，黏附有機碎屑和浮游生物來吃，晚上才會爬出來活動。牠的腕足有很強的再生能力，遇到危險時會斷裂，轉移掠食者的注意力，並趁機逃生。

潮間帶的繁殖大戲

　　潮間帶不只是許多生物的家，也是生物繁殖的重要場所。

　　海生動物通常把精子和卵排出體外，進行「體外受精」，讓精卵在水中相遇、結合，受精卵就在水裡發育，隨著潮水散播到其他地方，魚類、貝類、海膽、海星等都採取這種簡單又方便的策略。有些動物還會集體同時釋放精卵，增加受精的成功率。

　　也有許多生物會利用潮間帶的特性，特地來到這裡繁殖。例如有些陸生動物的幼體需要在海裡發育，所以每到繁殖季節，會趕緊到潮間帶繁殖，利用潮水把卵帶入海中。有些動物會上岸，把受精卵埋藏在潮間帶溫暖又潮溼的沙子裡，讓受精卵安全發育，免受隨波逐流之苦。

　　潮間帶充滿了無限「生機」，卻也危機四伏——因為海景第一排的房子愈蓋愈多，消波塊愈丟愈多，還有許多渡假村也來搶占沙灘，倖存的海岸則是充斥著大大小小的垃圾……要讓潮間帶生生不息、潮起潮落，除了靠月球的引力，剩下的就要靠人類的努力了！　　科

泥洞產卵室

大彈塗魚一生都生活在紅樹林或泥灘地，會挖洞穴並住在裡面。漲潮時通常躲在洞穴裡休息，退潮時再出來活動覓食。每年5月到9月是繁殖季節，通常在小潮後、大潮前，雄魚會吸引雌魚到洞穴裡交配、產卵。產卵的洞穴很深，即使乾潮也會有水，因此卵能保持潮溼，小魚一孵化就在水中，不怕太過乾燥而無法呼吸。

▲大彈塗魚求偶時，雄魚會在洞口張大嘴巴，展示背鰭並彈跳，向雌魚示愛。

到海邊釋卵

紅地蟹是一種陸生的螃蟹，生活在澳洲聖誕島，主要以落葉、花朵、果實和幼苗等為食。每年10月到12月雨季時，成千上萬的雄蟹和雌蟹會從森林出發，耗費大約一週的時間遷移到海岸附近挖洞、交配。之後，雌蟹躲在潮溼的洞穴裡產卵，把卵抱在腹部孵育。到了下弦月前後，雌蟹會聚集在海邊，趁著潮水高漲時把卵釋放到海中。卵一接觸到海水立刻孵化，幼蟹在海裡發育、成長，大約一個月後才回到陸地生活。
紅地蟹為什麼選擇下弦月時釋卵呢？科學家認為，這時是小潮，潮水漲落幅度最小，對雌蟹較安全，不會被潮水沖走或淹死，而且能更靠近海水來釋卵，可釋卵的時間也比較長。

◀紅地蟹成群結隊移動到海邊繁殖。

恩愛背上岸

鱟是一種非常古老的節肢動物，早在
4 億 5000 萬年前就出現在地球上，
比恐龍還要早！鱟在距今大約兩
億年前演化成現在的樣子。之
後外型特徵就沒有太大的改
變，是道地的「活化石」。
牠的外型看起來像阿兵哥戴
的鋼盔，又長又尖的劍尾是控
制方向和翻身的工具。
每年 6 月到 9 月，新月或滿月大潮時，
鱟會成雙成對爬到沙灘上挖洞產卵，而且是
由雌鱟背著雄鱟上岸，看起來很恩愛，因此有「夫妻魚」之稱。

▲雌鱟體型較大，會背
著體型較小的雄鱟上岸繁殖。

鱟的一生與潮間帶密不可分。卵孵化後，幼鱟會在潮間帶生活一段時間，漲潮時潛入泥沙中、退
潮時出來覓食，體型長大後再遷移到沿岸水深 20 到 30 公尺的地方生活。成熟的鱟每到繁殖季節，
都會回到潮間帶產卵。以前臺灣西海岸、北海岸及澎湖、金門、馬祖等地都有大量的鱟出沒，但
是現在只剩下金門和澎湖有零星的分布。

上岸產卵的魚

生活在美國加州海岸的細長滑銀漢魚是小型魚
類，體長大約 15 公分，平常生活在海裡，一
到繁殖季節就會冒險上岸產卵。

每年 3 月到 8 月，新月或滿月大潮後的三、四
天，雌魚會乘著潮水游到沙灘上，擺動尾鰭挖
洞，把卵產在裡面，接著數條雄魚圍上來
排放精子，讓卵受精。完成傳宗接代
的任務後，雌魚和雄魚再乘著潮水
返回大海。隨後進入小潮期間，潮
水的水位都會低於大潮，受精卵
埋藏在沙子裡很安全，不會被潮水
沖走。等到下次大潮又來時，受精
卵剛好發育完成，孵化成仔魚，受到
潮水沖刷，便隨著潮水回到海裡。

▶細長滑銀漢魚選擇在沙
灘上繁殖，精子和卵不會
被海水稀釋，受精的成功
率比較高。

邊吃邊交配

海兔是生活在潮間帶的軟體動物，退潮
時會待在潮池，藏在岩石縫隙中。牠們
以綠藻為食，所以春天來臨、石蓴生長
茂盛時，海兔會大量聚集，一邊吃，一
邊繁殖後代。由於海兔是雌雄同體、異
體受精，所以牠們會許多隻串
連在一起交配，第一隻當雌
性，第二隻當雄性與第一
隻交配，同時當雌性與第
三隻交配，第三隻又同時
當雄性與雌性，再接上第
四隻⋯⋯，非常特別。

◀海兔的頭上有兩根長長的
「嗅角」，用來偵測氣味、
感覺水中的化學物質。

作 者 簡 介

張容瑱　曾在兒童雜誌社、教科書公
司以及童書出版社擔任科學編輯，現
為自由工作者。

潮起潮落因為月

國中地科教師　侯依伶

主題導覽

　　受到太陽、月球萬有引力以及地球自轉的影響，海水位會發生潮汐現象，連帶影響了居住在潮間帶的生物族群。〈潮起潮落因為月〉簡單探討了引發海水潮汐現象的原因，也介紹石蓴、海葵、藤壺等潮間帶生物適應潮汐變化的生存方式，還有彈塗魚、紅地蟹等生物利用潮間帶特性，發展出各具特色的繁殖方法。

　　「潮汐」的發生主要是月球和地球上任一點的引力，以及地球繞地月質心的離心力，這兩種作用力合成的結果，稱為「潮汐力」或「引潮力」。也因此「潮汐」並不是地球上海水獨有的現象，地球上的湖泊、大氣層以及地殼等都會受到相同作用力的影響，只是湖泊受限於面積、地殼受限於延展性，而大氣層則是因為無色透明，不容易觀察到類似潮汐的變化現象。

　　潮汐的力量在冥冥之中對天體運動以及人類的生活產生各種影響，這或許也是天文奧祕如此令人著迷的地方吧！

關鍵字短文

　　〈潮起潮落因為月〉文章中提到許多重要的字詞，試著列出幾個你認為最重要的關鍵字，並以一小段文字，將這些關鍵字全部串連起來。例如：

關鍵字：1. 潮汐　2. 月球　3. 引力　4. 離心力　5. 潮間帶

短文：潮汐主要是月球和地球上任一點的引力，以及地球繞地月質心的離心力合成的結果，海水位會發生週期性漲落的現象，連帶影響居住在潮間帶的生物族群。潮汐力普遍存在於星球間，只是各個星球的質量與密度不同，因此對其他星球產生的潮汐力不盡相同。

關鍵字：1._____　2._____　3._____　4._____　5._____

短文：_____

挑戰閱讀王

看完〈潮起潮落因為月〉後，請你一起來挑戰以下題組。

答對就能得到👍，奪得 10 個以上，閱讀王就是你！加油！

☆月球和地球上任一點的引力，以及地球繞地月質心的離心力，這兩種作用力合成的結果，稱為「潮汐力」或「引潮力」。地球上的湖泊、大氣層以及地殼等都會受到潮汐的影響。

（　　）1. 下列哪些地方會受到地球和月球之間的潮汐力影響？

（多選題，答對可得到 3 個👍哦！）

①海洋　②陸地　③大氣圈　④湖泊

☆在潮汐作用下，地球自轉速率平均每 100 年增加 0.002 秒，這個變化率雖然不大，但長期下來，對地球居民的影響相當可觀。化石研究證實，大約五億年前，地球自轉一圈只有 21 小時。而月球遠離地球的速率則是每年平均約 3.8 公分，根據這個速率逐年累積，從地球上看見的月球會愈來愈小，愈來愈無法遮住太陽，多年後的人類應該就沒有機會觀賞到日全食的美麗景象了。

（　　）2. 受到月球和地球之間潮汐力的影響，從地球上觀察到的現象會發生什麼變化？（答對可得到 3 個👍哦！）

①月球會愈來愈接近地球　②發生日全食的機率愈來愈大

③遠月發生的機率愈來愈小　④滿月看起來愈來愈小

（　　）3. 在其他條件不變的情況之下，如果地球自轉的速度逐漸變慢，未來會發生什麼現象？（答對可得到 2 個👍哦！）

①地球上每一天的時間會變長　②地球上每一年的時間會變長

③每一天看到滿潮的次數會增加　④每一天可以看到乾潮的次數會增加

☆一個天體自身的重力與另一個天體造成的潮汐力相等時的距離稱為「洛希極限」。當兩個天體的距離小於洛希極限，小天體可能會被撕碎。質量愈大或密度愈大的星球，洛希極限也愈大。

（　）4.受到星球特徵的影響，不同星球的洛希極限也不相同。下列哪一種類型的
星球可能有最大的洛希極限？（答對可得到 2 個👍哦！）
①行星　②恆星　③黑洞　④矮行星

（　）5.地球上潮汐現象的發生與下列哪一個因素的關係最小？
（答對可得到 2 個👍哦！）
①日地間的萬有引力　②地月間的萬有引力　③地球自轉　④地球公轉

延伸知識

1. **潮汐力的影響：** 潮汐除了影響潮間帶的生物活動，也影響了地球的自轉速率以及
月球與地球之間的距離。這是因為潮汐力會造成地球的海面沿著地月連線方向往
兩側鼓起，鼓起的海水又必須隨著地球自轉而運動。此時海水與地表的摩擦力以
及月球對地球的引力會互相抗衡，一方面拖慢了地球自轉的速率，另一方面讓地
球將月球向外推移。潮汐力是一種相互作用的力，當地球受到地月之間潮汐力影
響，月球也會受到影響。其中最明顯的就是月球的自轉速度已經減慢到與月球繞
行地球的公轉速度相同，使得月球一直以相同的一面對著地球公轉，也因此我們
從地球看出去，只能看到月球的同一面，永遠看不到月球的背面。

2. **潮汐力與行星環：** 地球質量很小，洛希極限只有 3 萬 4700 公里，因此掠過地
球的彗星必須很靠近地球才可能被撕碎；而木星的質量很大，洛希極限有 24 萬
2000 公里，彗星在較遠的地方就會被撕碎。1994 年修梅克李維九號彗星接近太
陽的途中，因為經過木星時的距離小於洛希極限，彗星的彗核被木星的潮汐力撕
裂為 21 塊，隨後這些碎片逐一撞上木星，留下一排幾乎相同緯度的撞擊痕跡。
許多科學家也支持行星環（例如土星環）的形成與潮汐力密切相關，當既有或闖
入的小天體處於行星的洛希極限內時，小天體表面物質會因行星的潮汐力而破碎，
進而脫離小天體表面形成行星的環。

延伸思考

1. 本文介紹了潮間帶生物適應，以及利用潮汐漲落的特殊生活方式。住在海邊的人們常常利用海水位的高低起落進行相關產業活動，例如垂釣、捕魚、大船入港、發電等。想想看並上網查一查資料，這些活動要如何利用潮汐的漲落來進行？

2. 每天漲潮和退潮的時間都不一樣，你知道中央氣象局除了每日氣象預報，也會發布潮汐預報嗎？請上網查查看，離你家最近沿海的潮汐時間表。

3. 請在臺灣地圖上畫出有潮間帶生態的地方，製作一張潮間帶地圖，找機會和家人一起去當地遊玩，並實際觀察潮間帶生物的習性。

地球的 健 檢 報 告

氣候暖化 是真的！

聯合國每隔幾年就會對地球進行健康檢查，
最新的報告指出：地球的確在「發燒中」，
如果不採取些行動，將會帶來各種災害。
我們該如何為環境找一條生路呢？

撰文／林慧珍

「氣候變遷」這個名詞大家一定都不陌生，但是怎樣才算「氣候變遷」？近年來全球頻頻出現飆破紀錄的高溫，規模破表的超強颱風，還有 2016 年初讓臺灣人印象非常深刻的平地飄雪霸王級寒流，這些都算是氣候變遷的徵兆嗎？從遠古以來到現在，地球的氣候到底發生了什麼樣的轉變？未來又會如何發展呢？

「氣候變遷」很難從單一的天氣事件來論定，因為天氣變化本來就是正常現象。但是若把過去長期蒐集的氣象資料拼湊起來，加以分析比較，可以找出變化的趨勢。科學家已經認定：地球的氣候正在暖化。

地球的健康檢查報告書

根據中央氣象局的研究資料，從 1897 年開始進行氣象觀測以來，臺灣的氣溫平均大概上升了 0.9 到 1.2℃，尤其最近這 30 年，暖化加劇得更嚴重。從全球的尺度來看，也有同樣跡象，最近這十年的地球平均溫度已經比 1890 到 1900 年當時的十年平均溫度，上升了 0.78℃；而在 1970 年代中期之後，這種上升的趨勢更為劇烈。

這些數字可不是隨便說說，它是來自聯合國跨政府氣候變遷研究小組（IPCC）專為地球製作的「健康檢查報告書」。這個小組匯聚眾多科學家，整理大量的氣象觀測資料

繪圖：馮思芸　圖片來源：Shutterstock

以及相關研究報告，每隔幾年為地球分析出一份氣候變遷評估報告，內容包括氣候變遷的趨勢，以及它對環境、經濟、社會帶來的潛在衝擊，並提出適應及減緩之道。

IPCC 在 1990、1995、2001、2007 年及 2014 年發表過五次報告，另外 2018 年受《聯合國氣候變遷綱要公約》之邀，出版特別報告《全球暖化 1.5℃》，呼應《巴黎氣候協議》。IPCC 發揮很大的影響力，每當世界各國開會協商減少碳排放，或者討論因應氣候變遷的辦法時，IPCC 的氣候變遷評估報告都是重要的參考依據，2022 年將出版第六次評估報告。

爭議與最新報告

即使是這麼專業的組織，也曾受到質疑。在 2007 年的氣候變遷評估報告提出之後，一些抱持不同意見的科學家聯合站出來，質疑氣候暖化的危機被過度誇大，並懷疑是有心人士刻意炒作，藉此謀取好處。例如，研究氣候暖化的科學家可能因此更受重視、得到更多經費，或者環保團體可以利用誇大氣候變遷的影響來博得支持，讓募款更容易。再加上某些氣候暖化的報告，竟然被發現數據造假，或是引用的資料不夠嚴謹，經過媒體大肆報導，一時之間，大眾對 IPCC 的信心也跟著動搖了起來。

因此，撰寫 2014 年氣候變遷評估報告的科學家特別謹慎，更加注重資料的公信力與科學驗證。跟

2007 年發表的報告相比，2014 年的評估報告更加確定：氣候變遷是人類排放溫室氣體所造成的後果。

科學家早在 1850 年代透過一連串實驗，已證實大氣層的溫室氣體會吸收地表反射的長波輻射，造成暖化。但是影響地球氣候的因素非常複雜，火山爆發、太陽輻射變化、地球公轉軌道變化、洋流、聖嬰現象、反聖嬰現象的交互變動等因素都會影響，要釐清暖化的「元凶」，需要明確證據。

因此科學家利用氣候模擬系統，把各種可能因素計算進去，發現如果只考慮非人為的自然因素，無法解釋實際發生的現象；但是如果把近幾年急遽增加的二氧化碳等溫室氣體因素加入之後，能得到與觀察值吻合的結果。科學家由此斷定，從 1950 年以來觀測到前所未見的快速暖化現象，是人為排放溫室氣體造成的，而不是短暫或週期性的自然現象。

如何知道遠古時代的氣候？

科學家可以從分析冰川或深層冰雪中的氣泡，得知幾萬年前的大氣組成，並推知過去的氣溫及溼度變化。此外，海洋生物的生長深受海洋溫度、鹽度、二氧化碳等條件的影響，因此研究海底沉積物，也可以推測生物死亡當時的氣候條件；同樣的，湖泊沉積物當中含有從鄰近地區飄落沉入湖底的各種花粉，藉由分析這些花粉化石，對照它們的生存條件，也可以推知當時的氣候樣貌。
樹木的年輪與珊瑚礁的碳酸鈣組成，也都反映了它們活著時的溫度與其他氣候條件，而成為研究古代氣候的極佳線索。

減緩暖化與調適方案

假如人類繼續毫不節制的排放溫室氣體，地球自然系統可能會完全失控，導致前所未有的浩劫。各國政府都意識到這個危機，但是要減少排放溫室氣體，必須調整產業的結構，例如停止繼續發展排放較多二氧化碳的重工業或製造業，改為發展其他排放量較低的產業。政府需要花很多力氣跟業界溝通，並制訂政策，還必須審慎評估轉型後對整體經濟發展有多大的影響。

此外，各國政府也可考慮改用風力發電或太陽能發電等再生能源，或開發碳捕集與封存技術來減少排放，不過這牽涉到各國的資源、環境、技術能力等能否配合。

因此雖然許多國家在 1992 年簽署了《聯合國氣候變遷綱要公約》，同意規範溫室氣體的排放，卻沒有承諾要減少多少排放量。這份公約也沒有明確規範各國應該負擔的義務，更未規定該怎麼做，因此實際上並無約束力，整件事可以說是不了了之。

經過 20 多年的反覆協商，這些國家終於達成共識，在 2015 年《聯合國氣候變遷綱要公約》第 21 次締約國會議（COP21）中明確訂下減量的目標：在 2100 年前，地

氣候變遷下　人類將會面臨的挑戰

河水流量變得更極端，枯水期容易缺水。

農作物無法適應極端氣候，糧食產量大減。

氣溫上升，現有的發電設備可能無法負荷尖峰用電。

全球暖化使傳染性疾病更加猖獗。

球氣溫較 1870 年代工業時代上升幅度不超過 2℃，理想是維持升溫幅度在 1.5℃ 以下。並簽下具有約束力的《巴黎氣候協議》。

由於過去排放的溫室氣體已經累積到相當的程度，就算從現在開始減少溫室氣體的排放量，未來幾百年還是會受溫室氣體的影響。所以光是減少溫室氣體排放還不夠，人類必須思考如何調適無法避免的氣候變遷。

這些環境變化很可能首先衝擊民生需求，進而造成社會與經濟問題，甚至引發動盪與戰爭。近幾年備受矚目的敘利亞難民潮，正是一例。

氣候變遷之下的臺灣

全球升溫與氣候變化的趨勢已不容忽視，包括臺灣在內。根據 2017 年臺灣氣候科學變遷報告，臺灣的氣候變化有以下趨勢：

1. **氣溫上升**：過去 100 多年來，臺灣氣溫有明顯升高的趨勢，約上升攝氏 1.3 度。極端高溫發生的頻率和溫度也在近 50 年增加。

2. **海平面加速升高**：周遭海域呈現上升趨勢，且近 20 年來速度加快。1961 ～ 2003 年間，鄰近海平面平均每年上升 2.4 公釐；在 1994 至 2013 年，上升速度增加到每年 3.4 公釐。

3. **乾溼季差異明顯**：雖然降雨量變化不明顯，但是乾溼季節差異愈來愈大。1957 至 2006 年間，夏季明顯增長、冬季明顯縮短。

4. **強颱比例增加**：西北太平洋颱風生成個數與侵臺颱風個數 60 多年來沒有明顯變化，但是侵臺的強颱比例增加。

強烈颱風來襲的頻率增加，鄰海低窪地區可能因而淹水。

暴雨導致山洪發生機率變高，橋梁可能被沖毀。

海平面上升，原有的海岸防護工程可能失效。

繪圖：馮思芸

2007 到 2010 年間，敘利亞發生嚴重乾旱，持續缺水導致農田歉收，農民生計受到重大衝擊，估計高達 150 萬農民流離失所。為了生存，他們紛紛湧入都市地區尋找工作機會，都市人口瞬間暴增約 50%，衍生了失業、社會不平等、犯罪等社會與經濟問題，加上敘利亞政府長期貪腐，對此又毫無作為，累積多年的民怨終於爆發，民眾到處示威抗議，全國動盪不安，最後導致內戰。

氣候變遷的轉機？

面對氣候變遷，愈來愈多國家已經開始著手研擬因應的辦法，小至隨手關燈，大至國家土地重新規劃，對所有人都會造成影響。但氣候變遷帶來的改變不見得全部都是負面的，也可能帶來新的契機。像是未來需要更先進的再生能源技術，風力發電技術較為先進的丹麥、德國或美國，就有機會擁有更多商機；氣候的改變，也讓一些原本氣溫偏低的地區變得更適於耕種，因而有發展新農業型態的機會。

已有研究指出，一些高緯度的地區，如英國、美國蒙大拿州、澳洲最南端的塔斯馬尼亞島，甚至俄羅斯西部、中國的寧夏等，未來都有可能因為氣候暖化而成為葡萄酒的生產重鎮。海水暖化也使得寒冷地區的漁獲變多，例如冰島在 2000 年後的鯖魚捕獲量大

掌握能源新技術　獲得新商機！

氣候變遷不盡然只造成負面影響，隨著全球暖化，減少排碳量勢在必行，因此掌握再生能源關鍵技術的國家，可能獲得更多商機。

太陽能發電

風力發電

地熱發電

潮汐發電

增，格陵蘭海域也在 2014 年迎來從南方海域北遷的大西洋黑鮪魚，這是 300 多年來未曾發生過的事。

我們的未來生活一定會受到氣候變遷的影響，因此每一個人除了具體落實節能減碳的生活，幫忙減緩暖化之外，也應該持續關注有關氣候變遷趨勢的最新研究及科技進展，這有利我們正確的判斷及選擇，也是幫自己和環境找到因應辦法的第一步。🄀

作者簡介

林慧珍　從小立志當科學家、老師，後來卻當了新聞記者以及編譯，最喜歡報導科學、生態、環境等題材。現在除了繼續寫作、翻譯，也愛和孩子玩自然科學，夢想有一天能成為科幻小說作家。

圖片來源：達志影像

地球的健檢報告：氣候暖化是真的！

國中地科教師　姜紹平

主題導覽

近年來，世界各地愈來愈常發生極端氣候事件：夏天更熱，冬天更冷，颱風更強烈；南北極冰川也加速融化，使許多動物無家可歸。氣候變遷與全球暖化已與我們的日常生活息息相關，科學家近年來的研究也再次證實，人類工業化後排放的溫室氣體，正是造成氣候變遷的主要原因。因此，除了各國政府合作減少碳排放之外，各大企業、工廠乃至於每個人，都可以舉手之勞做一些改變，減緩氣候暖化的發生。

〈地球的健檢報告：氣候暖化是真的！〉說明科學家如何透過不同的研究，證實氣候變遷與人類活動的關係，並介紹氣候變遷會對人類未來有什麼影響。閱讀完文章後，可以利用「挑戰閱讀王」幫助自己更加了解氣候變遷的內容；並透過「延伸知識」與「延伸思考」，探討其他可以減緩全球暖化的方式。

關鍵字短文

〈地球的健檢報告：氣候暖化是真的！〉文章中提到許多重要的字詞，試著列出幾個你認為最重要的關鍵字，並以一小段文字，將這些關鍵字全部串連起來。例如：

關鍵字：1. 氣候變遷　2. 溫室效應　3. 溫室氣體　4. 再生能源　5. 碳排放

短文：科學家針對地球氣候變遷的成因有許多不同的解釋，包括溫室效應、火山爆發、洋流、季風等變化都可能是原因。其中造成全球暖化最主要的元凶，來自於人類工業化以來大量排放的溫室氣體。為了減緩溫室效應對地球的影響，讓地球環境可以永續發展，除了各國政府積極開發再生能源之外，減少碳排放更是全人類首要之急的任務。

關鍵字：1.＿＿＿＿＿　2.＿＿＿＿＿　3.＿＿＿＿＿　4.＿＿＿＿＿　5.＿＿＿＿＿

短文：＿＿＿＿＿＿＿＿＿＿＿＿＿＿＿＿＿＿＿＿＿＿＿＿＿＿＿＿＿＿＿

＿＿＿＿＿＿＿＿＿＿＿＿＿＿＿＿＿＿＿＿＿＿＿＿＿＿＿＿＿＿＿＿

挑戰閱讀王

看完〈地球的健檢報告：氣候暖化是真的！〉後，請你一起來挑戰以下題組。

答對就能得到 👍，奪得 10 個以上，閱讀王就是你！加油！

☆科學家花了很多時間證明，氣候暖化是正在發生的真實事件，試著回答下列問題。

（　　）1.科學家如何證明造成氣候暖化的主因是人類活動？

（答對可得到 1 個 👍 哦！）

①人類出現之後地球溫度就開始升高

②人類知道如何使用火，用火使得地球溫度不斷升高

③人類吃了太多糧食，造成地球溫度升高

④科學家使用氣候模擬，將人類工業化大量排放的二氧化碳加入模擬系統，發現與真實世界的情況吻合

（　　）2.科學家如何得知現在的溫度比遠古時期還要高？

（多選題，答對可得到 2 個 👍 哦！）

①由南極冰蕊中的氣泡研究遠古時期的溫度

②研究生物的化石

③古時人類的文字紀錄

④研究樹木年輪、珊瑚的骨骼組成

（　　）3.氣候暖化的成因非常複雜，下列哪些敘述正確？

（多選題，答對可得到 2 個 👍 哦！）

①氣候暖化是長時間的過程，很難以一兩年的觀察得到結論

②影響氣候的原因很多，並非只有單一因素

③人類很難得到全球各地的氣候數據

☆自從全球暖化發生以來，世界各地都有顯著的氣候變化。試回答下列問題。

（　　）4.下面哪些事件是由全球暖化造成的？（多選題，答對可得到 2 個 👍 哦！）

①北極冰層快速溶解　②地震與火山爆發愈來愈頻繁

③敘利亞地區嚴重旱災　④颱風的強度愈來愈強烈

（　）5.全球暖化除了對環境造成影響外，對人類社會又有怎樣的影響？

（答對可得到 1 個👍哦！）

①全球暖化會促使全球旅遊業更加蓬勃發展

②暖化可能讓農村地區的收成不良，導致農民因沒有收入而湧入城市，造成社會動盪

③暖化使人類的農作物收成更多，糧食增加

（　）6.全球暖化可能造成極端氣候，威脅人類生存，比方說下列哪些情況？

（多選題，答對可得到 2 個👍哦！）

①更多強烈颱風造成災害　②海平面上升會吞沒島國

③熱浪使得更多生物與人類死亡　④更強烈的寒流造成災害

☆人類正積極的對抗全球暖化，試著回答下列問題。

（　）7.《聯合國氣候變遷綱要公約》的主要目的為何？（答對可得到 1 個👍哦！）

①限制各國的工業發展　②限制各國燃燒化石燃料量

③讓地球的平均氣溫下降　④控制地球上升的溫度不超過2℃

（　）8.為何文章中提到，單純減少碳排放不足以減緩溫室效應？

（答對可得到 1 個👍哦！）

①溫室效應發生得太快，來不及阻止

②人類無法影響地球氣候變遷

③大氣中已經有很多二氧化碳與溫室氣體，人類還沒找到有效方法移除

延伸知識

1.**控制溫室效應**：溫室效應並非完全負面的名詞。由於地球大氣層中的溫室氣體可以吸收並保存來自太陽的輻射能量，使得地球的表面維持在最適合生命生存的溫度。若地球沒有溫室氣體的保護，溫度很有可能會維持在零下，如此一來並不適合生命存活；相對的，若溫室氣體過多，造成強烈的溫室效應，地球的溫度將會持續上升，同樣會對生命造成威脅。因此如何將溫室效應控制在最適合生命居住的狀態，是科學家努力的目標。

2. **生物燃料：**近年來，許多工業大國（如美國）已經大量使用由植物製成的生物燃料，取代傳統化石燃料如石油、煤炭等。儘管使用生物燃料聽起來更加環保，但是製作生物燃料的原料需要廣大的土地種植（如玉米、甘蔗等農作物），且燃燒生物燃料仍會產生二氧化碳。如何研製出乾淨、低汙染的生物燃料，並在生產糧食與製作燃料之間取得平衡，也是值得探討的議題。

3. **碳足跡：**為了幫助每個人了解自己的日常行為如何影響碳排放，許多政府與企業都在推行「碳足跡」標示。目前有許多生活用品，如食物、電器、書本、家具等產品的外包裝，都有「碳足跡」標章，讓消費者了解產品的生產過程總共製造了多少二氧化碳。若我們都能選購碳足跡較低的物品，將有助於減少碳排放。

延伸思考

1. 文章中提到，再生能源的發展不但可以減緩碳排放，同時能創造許多商機與工作機會。請你查一查，臺灣是否有發展再生能源？我們的家鄉四面環海又有高山，這樣的地理環境適合哪種再生能源？

2. 全球暖化對每個地方都有影響，然而北極是平均氣溫增加最多的地區。查查看並想一想，同樣是寒冷的極地地區，為何北極受到全球暖化的影響比南極更劇烈？

3. 除了常見的玉米、甘蔗之外，科學家也積極尋找更有效率以及對環境影響更小的農作物來製作生物燃料。查查看，還有哪些植物或生物適合當做原料？有助於減少碳排放嗎？

聖嬰現象 把颱風趕走了？

聖嬰現象過後颱風數量竟然變少，
雖然變少，卻變得更強，
這是為什麼呢？
來看看是什麼神祕力量在搞鬼！

撰文／王嘉琪

繪圖：張國瑞．圖片來源：freepik、Shutterstock

還記得 2015 年底到 2016 年初的超級聖嬰嗎？它不但在 2016 年 1 月時讓臺灣經歷了可怕的帝王級寒流，還有一些後續影響喔！

2016 年的上半年在西北太平洋上竟然一個颱風都沒有形成，這件怪事報紙及媒體也有報導！平均來説，上半年平均應該會有幾個颱風才對，根據 1981 到 2010 年的氣候統計，上半年平均有 1.6 個颱風。

報導説，根據過去的統計資料，強聖嬰發生後，西北太平洋的颱風在上半年生成數量通常會偏少，而且比較容易在秋季形成，所以會看到「夏颱少、秋颱多」的現象，颱風生成位置通常也會偏西。不過為什麼會出現這種情形呢？到底聖嬰現象怎麼影響颱風？

颱風誕生的搖籃

颱風比較容易在間熱帶輻合區形成，這是一個會隨著季節南北移動的長條狀低壓區，在輻合區以北是吹東北信風，以南是吹東南信風，兩股信風交會的地方就是間熱帶輻合區，這個區域的範圍很長很廣，到了靠近臺灣附近的區域，在低壓區的南邊會改吹西南風，北邊則是吹東南風，這個低壓區有個特別的名稱，叫「季風槽」，它能提供微弱的逆時針方向環流，讓颱風比較容易生成，所以這裡是西北太平洋颱風誕生的搖籃。

聖嬰現象影響氣候

聖嬰現象最明顯的特徵是沃克環流的變化。沃克環流是太平洋赤道上的大氣環流，會使南美洲秘魯附近海底較冷的海水上升，帶來養分使漁獲增加。但沃克環流變化現象發展最強的季節是在冬季，季風槽最強及颱風最活躍的季節則是在夏季，季節不同，聖嬰現象要怎麼影響季風槽及颱風呢？原來，聖嬰現象的發展需要很長一段時間，從夏季開始，原本集中在西太平洋的溫暖海水會開始慢慢往東移動，這段時期稱為「聖嬰發展期」，等到進入冬天，聖嬰現象更加明顯時，就是「聖嬰成熟期」。

為了比較清楚的解釋，我們稱「聖嬰年」是聖嬰發展期的那年，例如 1997 到 1998 年發生聖嬰現象，我們就稱 1997 年為聖嬰年，1998 年是聖嬰後一年。

在聖嬰發展期，當暖海水往東移動時，大氣中的對流及低壓區也跟著往東移，也就是説在聖嬰年，季風槽的範圍會往東延伸到換日線附近，有利於颱風生成的

▲季風槽屬於間熱帶輻合區，是隨季節移動的長條帶低壓區，也是生成颱風的地區。

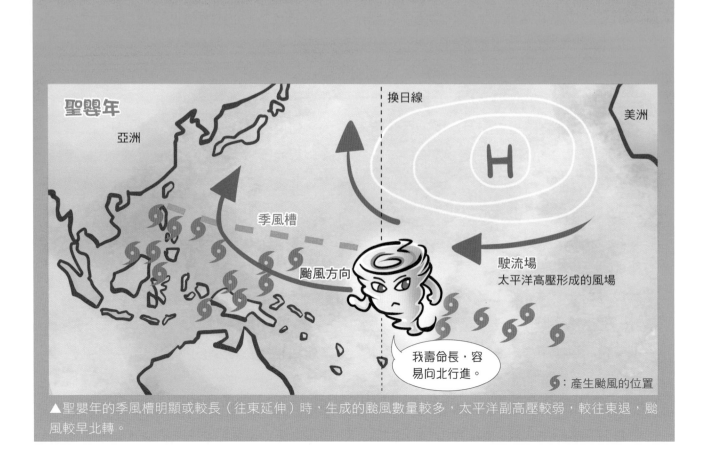

△聖嬰年的季風槽明顯或較長（往東延伸）時，生成的颱風數量較多，太平洋副高壓較弱，較往東退，颱風較早北轉。

區域就擴大了。另一方面，在反聖嬰年，季風槽會往西邊縮，有利於颱風生成的範圍明顯較小。

季風槽的大小及位置決定了颱風生成的區域，在聖嬰年會有比較大的機會在偏東的區域出現颱風，而且這些颱風生成後，需要經過比較長的溫暖洋面才會到達東亞沿海地區，因此颱風生命期較長。

在反聖嬰年，颱風生成位置比較靠近東南亞陸地，也就是颱風可能生成沒多久便登陸了，生命期自然偏短。根據統計，聖嬰年的颱風生命期大約是七天，反聖嬰年的平均生命期約四天。

聖嬰現象對颱風路徑也有明顯的影響，聖嬰年的太平洋副熱帶高壓會比較弱，也就是它的西側邊緣會往東退，與前面提的季風槽往東延伸到換日線附近，其實是一體兩面的

現象。太平洋副熱帶高壓外圍的環流是我們說的「駛流場」，會帶著颱風移動，使颱風多半會沿著太平洋副熱帶高壓的外圍移動。所以當聖嬰年副熱帶高壓較弱時、季風槽較往東延伸，在偏東區域生成的颱風會比較容易北轉。相對的，在反聖嬰年，由於副熱帶高壓的範圍較大、季風槽較短，生成的颱風就比較容易西行，通過臺灣南邊。

聖嬰現象影響颱風強度

如果比較聖嬰年與反聖嬰年的平均颱風強度，會發現聖嬰年的颱風強度的確比較強，不過原因是什麼？這是個很複雜的問題，畢竟會影響颱風強度的因素太多了，有海洋表面溫度、大氣垂直方向上的風向變化（垂直風切）、水氣含量，還有颱風的天生條件，就像有些人天生比較高壯、有些人天生比較

繪圖：張國瑞

圖中文字：

反聖嬰年

換日線

美洲

亞洲

H

季風槽

我壽命短，容易向西行進。

颱風方向

駛流場
太平洋高壓形成的風場

🌀：產生颱風的位置

▲反聖嬰年的季風槽不明顯或較短時，颱風容易西行或較晚北轉。

瘦小，颱風路徑也會影響。

由於聖嬰年颱風要經過較長的路徑才會登陸，大約在 1990 至 2000 年代左右，科學家提出了合理的推測：颱風應該是受到溫暖的洋面持續加熱，所以發展得較強。差不多同樣時期也有科學家發現，聖嬰年的季風槽附近，垂直風切比較小，這是有利於颱風發展的條件，所以不少科學家支持垂直風切的影響。

到了 2010 年左右，隨著電腦技術提升，有人用電腦模型來做實驗，分別測試了海洋表面溫度、垂直風切及颱風路徑長短的差異後，認為應該是路徑差異造成的。

最近這幾年的新想法則是，在聖嬰年時，當溫暖的海水移動到太平洋中間及偏東的區域時，西太平洋暖池的溫度下降了，偏冷的海水會抵消一部分因為較長路徑加熱帶來的

效應，嗯……這樣講好像也滿有道理的，萬一沒有這個抵消的過程，說不定聖嬰年的颱風會變得更強！

不過以上這些都是統計的結果，總是會有一些例外，所以雖然平均來講反聖嬰年的颱風較弱，但是個別颱風還是可能很強，而且由於颱風生成的位置非常靠近臺灣，預警時間短，反而容易出現預報後防颱措手不及的狀況。

聖嬰現象過後

聖嬰現象對颱風數量的影響主要出現在聖嬰現象過後的半年內，這是因為聖嬰現象在冬季達到成熟期後需要一段時間慢慢減弱，所以隔年的上半年，暖海水位置仍然比較偏東邊，大氣中的沃克環流上升區也會受暖海水影響偏東，那麼在西太平洋這邊的海面就

▲聖嬰年過後，太平洋東側是上升氣流，西側則是下沉氣流。

▲反聖嬰年過後，太平洋東側是下沉氣流，西側則是上升氣流。

會較冷而且有較多下沉氣流，讓颱風不容易形成。經過統計，愈強的聖嬰現象過後，上半年颱風數量會愈少；反過來推論，反聖嬰現象會讓上半年的颱風數量偏多，不過反聖嬰現象颱風強度弱，影響力也較弱。

如果計算一整年的颱風數量，或是只計算下半年的颱風數量，就看不太出來聖嬰或反聖嬰現象的影響了。因為聖嬰現象通常不會延續到下半年，有時會轉變成反聖嬰，有時則會變成正常年。

進入夏季後還有很多因素可以影響颱風生成的個數，不確定性非常大。

聖嬰現象對颱風個數的影響，其實只在1965到1999年這段時期最明顯，如果我們把時間拉長，例如提取1956到2016年的資料，雖然還是可以得到同樣的結論，但是相關性降低了。因為影響颱風數量的氣候現象可不只聖嬰現象，還有更多令人頭暈腦脹的因素呢！

目前已知還有一種週期大約20至90天的大氣波動（稱為季內振盪）、有來自平流層的大氣波動現象（週期大約兩年，所以稱為準兩年振盪）、來自印度洋海溫的影響，還有週期超過20年以上的海溫波動等，甚至有一些連科學家也不知道的現象。由此也就可以理解，為什麼統計上的相關性會不高了。到底這些氣候現象如何影響颱風的數量呢？真是傷腦筋的問題！

總之，聖嬰現象與颱風之間的關係就像一團被打亂了的毛線，有時候你覺得好像找到線頭了，拉一拉後卻發現又打結了。

不過這幾十年來，隨著科學家不斷努力研究，大家對這團毛線球已經解開愈來愈多地方了，也希望將來能逐漸釐清不同因素對颱風的影響！ 科

作者簡介

王嘉琪　文化大學大氣科學系副教授，資深正妹，熱愛光著腳丫跑步與分享科學知識。

繪圖：曾建華、張國瑞

聖嬰現象把颱風趕走了？

國中地科教師　姜紹平

主題導覽

位處太平洋沿岸的臺灣，夏季時常會受到颱風的侵擾。然而科學家發現，每年颱風的數量與強弱，似乎會隨著太平洋洋流而變化，並且大約以每四年為一個週期。原先較為乾燥的南美洲太平洋沿岸，降雨量會明顯增加，而潮溼的太平洋西岸，如臺灣，會變得較為乾燥。由於這個現象通常在聖誕節前後最為顯著，因此稱為「聖嬰現象」。

聖嬰現象的成因十分複雜，且這個現象影響的區域非常廣大、影響的時間也長。對於時常有颱風經過的臺灣來說，我們可以從颱風的數量、路徑、強度等數據，判斷該年是否為聖嬰年。相反的，若是原本乾燥的地區更加乾燥、多雨的地方更加多雨，我們就稱為「反聖嬰年」。閱讀完〈聖嬰現象把颱風趕走了？〉，跟著接下來的「挑戰閱讀王」、「延伸知識」與「延伸思考」，更加深入了解聖嬰與反聖嬰現象如何影響與改變我們的氣候吧！

關鍵字短文

〈聖嬰現象把颱風趕走了？〉文章中提到許多重要的字詞，試著列出幾個你認為最重要的關鍵字，並以一小段文字，將這些關鍵字全部串連起來。例如：

關鍵字：1. 洋流　2. 聖嬰現象　3. 季風槽　4. 颱風　5. 駛流場

短文：根據科學家的研究，當太平洋底層較冷的海水隨著洋流減弱，無法到達表層，造成溫暖的海水向太平洋東岸靠近時，就是聖嬰現象發生的徵兆。而隨著暖水東移，容易生成颱風的季風槽也隨之東移，造成在聖嬰現象發生時，颱風形成的地點、路徑與強度都有所不同。同時，太平洋高壓的位置與強弱也會影響並牽引著颱風的走向，這個風場稱為駛流場。

關鍵字：1.＿＿＿＿　2.＿＿＿＿　3.＿＿＿＿　4.＿＿＿＿　5.＿＿＿＿

短文：＿＿＿＿＿＿＿＿＿＿＿＿＿＿＿＿＿＿＿＿＿＿＿＿＿＿＿＿＿＿＿＿＿

＿＿＿＿＿＿＿＿＿＿＿＿＿＿＿＿＿＿＿＿＿＿＿＿＿＿＿＿＿＿＿＿＿＿＿＿

挑戰閱讀王

看完〈聖嬰現象把颱風趕走了？〉後，請你一起來挑戰以下題組。

答對就能得到👍，奪得 10 個以上，閱讀王就是你！加油！

☆文章中描述關於聖嬰現象的發生，試著回答下列問題。

（　　）1.目前科學家觀察到，造成聖嬰現象最顯著的原因是什麼？

（答對可得到 1 個👍哦！）

①太平洋溫暖的海水每四年會固定向南美流動

②颱風的生成次數增加，進而改變太平洋環流結構

③太平洋的海水每四年會東西循環一次

④太平洋環流結構改變，因此較冷的海水無法回到表面，造成溫暖的海水
向東移動

（　　）2.下列哪個環流的改變會引發聖嬰現象？（答對可得到 1 個👍哦！）

①黑潮暖流　②加利福尼亞寒流　③沃克環流　④墨西哥環流

（　　）3.「季風槽」是指行星風系中哪兩個風帶之間的區域？

（答對可得到 1 個👍哦！）

①東北季風、西南信風　②東北信風、東南信風　③極地東風、東北信風

（　　）4.為什麼會叫做聖嬰現象（El Niño）呢？原因是下列何者？

（答對可得到 1 個👍哦！）

①聖嬰現象通常在聖誕節前後達到最高峰

②聖嬰現象只在聖誕節前後發生

③聖嬰現象只對於南美洲國家有影響，因此以西班牙文命名

☆聖嬰現象對於生活在臺灣的我們來說，最重要的影響就屬颱風。試著回答下面有
關聖嬰現象與颱風的問題。

（　　）5.聖嬰現象發生時，由於這個現象改變了什麼氣候條件，造成颱風的特徵也
不同於正常年？（多選題，答對可得到 2 個👍哦！）

①聖嬰現象發生時，太平洋高壓向東移動，造成颱風的生成處比正常年更
偏東邊

②聖嬰現象改變了風向，因此颱風生成後會向東移動，而非正常年的向西
移動

③聖嬰現象發生時，因為海水溫度上升，造成颱風有更好的條件可發展成
較正常年更強烈的颱風

（　）6.聖嬰與反聖嬰年對於颱風的生命週期分別造成什麼影響？

（多選題，答對可得到 2 個👍哦！）

①聖嬰年：颱風生成的區域離陸地更遠，因此颱風的生命週期較長

②反聖嬰年：太平洋高壓的減弱，造成颱風生命期較短

③聖嬰年：海水較冷，不利颱風發展，因此颱風的生命期較短

④反聖嬰年：太平洋高壓向西邊移動，造成颱風生成後更快觸陸而瓦解，
因此生命期較短

☆聖嬰現象是持續發生的改變，有關於聖嬰現象逐漸減弱而造成的氣候改變，試著
回答下列問題。

（　）7.聖嬰現象逐漸減弱的過程中，會如何影響氣候？（答對可得到 1 個👍哦！）

①聖嬰現象漸弱後，西太平洋會因為下降氣流而不易生成颱風

②聖嬰現象減弱時，會為臺灣帶來充沛的降雨

③聖嬰現象減弱時，會因為副熱帶高壓減弱而更容易生成颱風

（　）8.反聖嬰現象減弱時，氣候會發生怎樣的改變？

（多選題，答對可得到 2 個👍哦！）

①反聖嬰現象發生後，上半年的颱風偏多

②在反聖嬰現象之後，會發生聖嬰現象

③反聖嬰現象發生後更不容易生成颱風

④反聖嬰現象發生後，生成的颱風大多強度不強

延伸知識

1. **最強聖嬰年**：20 世紀記錄到最強的聖嬰現象發生在 1982 到 1983 年間，這場聖嬰現象在世界各地造成了乾旱、森林大火，豪雨等災情。且因海水不斷升溫，造成珊瑚白化與浮游生物大量減少，進而影響了海洋食物鏈，導致許多魚群還有仰賴魚群為食物的動物，如海獅、鳥類等大量死亡。

2. **那庫魯湖**：聖嬰現象也會影響人類的經濟活動。在 1982 到 1983 年間發生的最強聖嬰年，全球損失 80 多億美元。這些災害包括印尼發生霾害、亞馬遜雨林大火；然而，非洲東部肯亞的那庫魯湖卻因為聖嬰現象帶來充足的雨水，使得原本移居別處的動物漸漸回到湖邊生活，重獲生機。

3. **反聖嬰現象**：2020 年除了有新冠病毒爆發的全球疫情，也是近年來反聖嬰現象最強烈的一年。雖然這個反聖嬰年對亞洲地區沒有特別的影響，但在太平洋的另一端——北美洲，迎來近期最嚴重的野火危機。反聖嬰現象使得原本乾熱的夏日變得更加乾燥與炎熱，使得美國各州不斷傳出野火災情，造成無數森林燒毀、許多野生動物死亡與房屋毀損。相對於亞洲，聖嬰與反聖嬰對於北美洲與南美洲的影響更加顯著，災害也更加嚴重。

延伸思考

1. 文章中提到，聖嬰現象發生時，對於東太平洋國家，如智利、阿根廷等的影響更為劇烈。每當聖嬰年，這些國家的農漁業都會受到大小不一的損失。查查看，聖嬰年與反聖嬰年分別會對這些國家的農漁業造成什麼損失？又是什麼樣的氣候改變所造成的？

2. 除了太平洋之外，世界上還有大西洋與印度洋兩個廣大的海域。想一想並查查看，為什麼聖嬰現象只出現在太平洋，卻不會出現在印度洋或大西洋？

3. 除了聖嬰現象，地球氣候還會因為許多現象而有所變化，近幾年最為明顯的是全球暖化與溫室效應。全球暖化與極端氣候的加劇，是否也影響著聖嬰現象的強弱與發生頻率呢？這種現象會對人類生存的環境造成什麼影響？

解答

我家住在外太空
1.② 2.① 3.④ 4.③ 5.②③ 6.①②③ 7.①③④ 8.②③④

跟著朱諾號，木星看透透！
1.② 2.①④ 3.③ 4.③ 5.① 6.④ 7.④ 8.②

土星的游泳圈 ---- 土星環
1.② 2.③ 3.① 4.①② 5.②③ 6.②③④ 7.②

剛誕生的地球，好熱！
1.① 2.④ 3.① 4.③ 5.④ 6.③ 7.④ 8.③ 9.②

潮起潮落因為月
1.①②③④ 2.④ 3.① 4.③ 5.④

地球的健檢報告：氣候暖化是真的！
1.④ 2.①②④ 3.①② 4.①③④ 5.② 6.①②③④ 7.④ 8.③

聖嬰現象把颱風趕走了？
1.④ 2.③ 3.② 4.① 5.①③ 6.①④ 7.① 8.①④

科學少年學習誌
科學閱讀素養◆地科篇 5

編者／科學少年編輯部
封面設計／趙璦
美術編輯／趙璦、沈宜蓉、可樂果兒
資深編輯／盧心潔
出版六部總編輯／陳雅茜

封面圖源／Shutterstock

發行人／王榮文
出版發行／遠流出版事業股份有限公司
地址／臺北市中山北路一段 11 號 13 樓
電話／02-2571-0297　傳真／02-2571-0197
郵撥／0189456-1
遠流博識網／www.ylib.com　電子信箱／ylib@ylib.com
ISBN／978-957-32-9247-0
2021 年 9 月 1 日初版
2022 年 6 月 16 日初版二刷
版權所有‧翻印必究
定價‧新臺幣 200 元

國家圖書館出版品預行編目

科學少年學習誌：科學閱讀素養, 地科篇5/科學
少年編輯部編. -- 初版. -- 臺北市：遠流出版事
業股份有限公司, 2021.09
　面 ;21×28公分
ISBN 978-957-32-9247-0(平裝)
1.科學 2.青少年讀物
308　　　　　　　　　　　110012758